产教融合专著

U0182991

Modern Brewing
Engineering Equipment

现代酿酒工程装备

主　编◎蒋新龙

副主编◎陆　胤　毛青钟

ZHEJIANG UNIVERSITY PRESS
浙江大学出版社 ｜ 全国百佳图书出版单位

图书在版编目（CIP）数据

现代酿酒工程装备 / 蒋新龙主编. --杭州 :浙江大
学出版社，2020.9（2022.1 重印）
　　ISBN 978-7-308-20474-3

　　Ⅰ．①现… Ⅱ．①蒋… Ⅲ．①酿酒－酿造设备－高等
学校－教材 Ⅳ．①TS261.3

中国版本图书馆CIP数据核字（2020）第152163号

现代酿酒工程装备

蒋新龙　主编

责任编辑	季　峥（really@zju.edu.cn）	
责任校对	张　鸽	
封面设计	海　海	
出版发行	浙江大学出版社	
	（杭州市天目山路148号　　邮政编码　310007）	
	（网址：http://www.zjupress.com）	
排　　版	杭州林智广告有限公司	
印　　刷	广东虎彩云印刷有限公司绍兴分公司	
开　　本	880×1230	
印　　张	6.375	
字　　数	168千	
版 印 次	2020年9月第1版　2022年1月第3次印刷	
书　　号	ISBN 978-7-308-20474-3	
定　　价	36.80元	

黄酒设备回顾与现状分析

第一章

第一节　黄酒设备回顾

几千年来，我国的黄酒生产一直沿用传统的手工酿酒工艺，从取水、制曲、浸米、蒸饭、入缸发酵到陶坛存储，每一步都是由酿酒师傅凭个人经验人为把控（见图1-1），这不仅对酿酒师傅的技艺有着严苛的要求，而且劳动强度大，生产效率低，酒质不稳定，是一直困扰酿酒行业的顽疾。

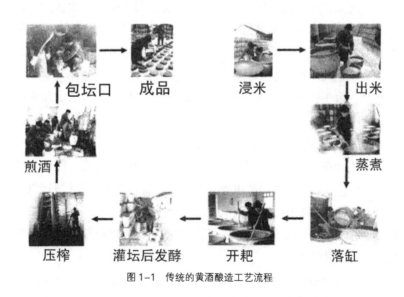

图1-1　传统的黄酒酿造工艺流程

一直以来，绍兴黄酒也大多徘徊在以陶缸、陶坛作为发酵容器的手工作坊式生产方式中。

古代人在过滤手段上，曾采用陶制滤斗、酒笼、酒筐、竹床、

1

木榨等简单的滤酒工具。到了近代，我国的黄酒生产过滤，大多仍采用丝绸袋、尼龙袋加压过滤来滤取酒液。这种手工作坊式生产方式设备笨重，生产技术低下，产品质量不高。20世纪50年代初，出现了铁制板框式压滤机，大大加快了过滤速度，使黄酒的过滤效率得到了较大提高。

在新中国成立前，一些学者对黄酒生产技术进行过较系统的调查，写了一些相关著作，并用西方的酿酒理论对黄酒生产技术加以阐述。但是生产技术并没能因此提高。新中国成立后，由于党和政府的重视与关怀，黄酒工业得到了较快的发展，开始逐步采用新工艺和新设备，黄酒生产技术也有了新的突破。

传统黄酒酿造法采用天然接种的传统酒曲，耗粮多，手工操作，劳动强度大，生产效率低。现代制曲主要从两方面加以改良：一是对酿酒微生物的分离和筛选。研究人员从全国各地的传统酒曲中分离到不少性能优良的酿酒微生物菌株。二是制曲工艺的改进。传统制曲多为生料制曲，从20世纪60年代开始，出现了纯种熟麦曲制备技术。由于熟麦曲的糖化能力显著高于生麦曲，使黄酒出酒率得到大幅度的提高。近年来，还广泛采用麸曲及酶制剂作为复合糖化剂、纯培养酵母或活性黄酒专用干酵母作为发酵剂。

在生产工艺方面的技术改造主要有酿造原料的变更、制曲生产工艺的改革、蒸饭方法的改进等。在设备方面，出现了卧式蒸饭机、立式蒸饭机、大罐发酵（容积不断扩大，由几千升扩大到几十千升，甚至几百千升）、框板压滤机、列管式煎酒器、大罐储存和瓶装机等一系列机械设备。

后处理设备也在不断改进。灭菌方式由大铁锅直接在火上煮酒灭菌，逐渐改为将整坛酒叠于大甑中，利用蒸汽煮酒灭菌，或用锡壶煎酒灭菌、蛇管加热器灭菌、列管式加热器灭菌，现在大多采用薄板式热交换器灭菌，并附设温度及流量自控装置。储酒容器由陶坛改用不锈钢储罐，其容积达 50m^3 以上。若使用陶缸储酒，则 1m^2 酒库面积只能储酒 700L，采用大罐储酒可大大提高生产效率和场地利用率。澄清过滤工序由原来无过滤工序改为采用硅藻土过滤机乃至超滤膜过滤，并在滤前做澄清处理。黄酒包装由原来以容量为 25kg 的大陶坛为主的包装，改为以小坛包装和瓶装为主的包装。瓶装设备实现了洗瓶、灌装、压盖、灭菌、贴标连续的机械化生产线。

黄酒是中华民族最古老的酒种，为了突破传统酿造工艺带来的行业瓶颈，改革开放以来，我国的酿酒工作者一边积极探索，一边组建专业团队研发酿酒新设备、新工艺。

传统酿酒工艺由于劳动效率低和原材料要求单一，酿酒成本居高不下，迫使酿酒企业加速向生产设备机械化、自动化方向转型，以提高生产效率，降低生产成本，尤其是黄酒等领域，生产设备的机械化与自动化有很大的提升空间。如黄酒自动化瓶装生产流水线（见图 1-2）的发展，对提高黄酒产品生产效率和产品质量起到了显著的效果。

图 1-2　黄酒自动化生产流水线

如某酒厂在保持传统陶缸酿造特色的工艺前提下，采用了机械化的输米，搅拌浸米，连续蒸饭、凉饭，压榨，煎酒，灌装，替代大部分手工操作，减轻了劳动强度，使劳动生产率提高约 70%，基本实现了糯米酒半机械化生产。

一些酿酒机械制造企业，尤其是技术和制造基础雄厚的啤酒、饮料领域的设备生产企业已经开始提供成熟的产品和技术，完全能够满足黄酒、白酒等的加工要求。

为了实现酿酒企业加速向生产设备机械化、自动化方向转型，如某酒厂对原黄酒厂生产工艺进行了创新和改革，自主研发小曲酒酿造新工艺，突破了传统酿造工艺生产效率低下、能源消耗大、酒质不稳定的局限，整个生产工艺中的蒸粮、糖化、培菌、发酵过程，实现了全面机械化，所有物料全程不沾地，并且生产效率提高了3倍以上，原来4个人的工作量现在1个人就能完成。

如某酒厂的新工艺改革突破了酿酒工艺必须由人工控制的瓶颈，实现了全机械化，不仅解决了传统工艺存在的高能耗、低产出、污染严重的问题，而且把工人从繁重的劳动中解放出来。更为重要的是，立体化的酿酒车间，通过信息化数字操控实现了酿造全过程的机械化、自动化和信息化，避免了人为因素对产品质量的影响，进一步提高了产品质量和稳定性。

如绍兴酿酒总厂（中国绍兴黄酒集团有限公司前身）建成年产1×10^4kL的机械化黄酒车间，绍兴黄酒第一次真正实现机械化生产（见图1-3）。机械化黄酒生产由于具有手工酿造无法比拟的优势，逐渐被具有较强实力的企业所采纳。

图1-3　全自动机械化灌装流水线

绍兴东风酒厂（会稽山绍兴酒股份有限公司前身）分别于 1989
年和 1996 年建成年产 1×10^4kL 和 2×10^4kL 机械化黄酒车间。中国
绍兴黄酒集团有限公司分别于 1994 年和 1997 年建成 2 个 2×10^4kL
机械化黄酒车间，其中，1997 年建成的车间布局合理，并集黄酒新
设备新技术之大成，标志着绍兴黄酒机械化生产技术趋于成熟。该
车间前发酵罐容积从 $30m^3$ 扩大到 $60m^3$，后发酵罐容积从 $60m^3$ 扩大
到 $125m^3$，并且首次采用露天罐发酵技术；采用小容量斗式运输机输
送湿米，将负重几百吨的浸米罐设计在底层，从而降低车间建筑整
体负荷，大大降低了工程造价；薄板式煎酒器从 4kL/h 扩大到 l0kL/h，
大大提高了设备利用率。

由于历史的原因，黄酒的生产区域主要集中在南方四省一市（浙
江、江苏、上海、江西、福建），在其他地方只有少量发展。由于
其他酒类的发展及历史原因，20 世纪 80 年代前，全国黄酒年产量均
不足 1×10^6kL。但最近 20 年，黄酒的产量有逐年上升的趋势。

目前，我国部分酿酒设备制造水平已逐渐达到国际水平，设备
的种类和规格比较齐全，设备的设计、制造、检测、验收、安装调
试全过程已经实现标准化和规范化。工程服务从局部承包向整体方
案交钥匙工程总承包方向转变，满足客户"个性化""异型化"和"交
钥匙工程"的要求，出现了设备供应商之间的小型横向联合，其中
国产糖化设备和发酵设备已经占据了国内市场的主导地位，其配套
的电气控制系统也已实现国产化，除满足国内需求外，还出口到国外。

第二节　黄酒行业的技术进步

黄酒行业的生产技术在不断向前发展，主要体现在以下几个方面。

（1）以不锈钢大罐代替陶缸浸米，原料米采用气流输送。

（2）蒸饭设备由木甑改为卧式网带（或立式）连续蒸饭机，实行连续蒸饭，大大降低了劳动强度。

（3）黄酒的压榨以气膜式板框压滤机代替木榨，提高了压榨效率和出酒率。

（4）煎酒设备20世纪50年代初为能回收酒汽的锡壶煎酒器，50年代末为蛇管加热器，60年代发展为列管式煎酒器，80年代开始采用薄板式换热器。现在已普遍采用薄板式换热器煎酒，使酒的损耗和蒸汽消耗量显著降低。

（5）块曲的生产传统上采用脚踏成型，现在均采用压块机成型。压块机成型的麦曲酶活力与原先脚踏成型的麦曲酶活力不相上下。

（6）黄酒糖化发酵剂的生产技术改革。1957年，有关部门对绍兴黄酒生产进行了总结，其中包括对麦曲微生物的分离纯化和鉴定，认识到米曲霉是麦曲的主要糖化菌，这为纯种麦曲培养奠定了基础。麦曲生产工艺最重要的改革突破是从自然培养麦曲中筛选出优良糖化菌米曲霉苏–16，用以生产纯种熟麦曲，提高麦曲的酶活力，使黄酒发酵周期缩短，并提高出酒率。酒母生产工艺的改革是从淋饭酒母中分离出85号酵母，实现了酒母的纯种化培养。这两项技术改革奠定了机械化黄酒生产新工艺的基础。现在，酶制剂和活性干酵母也在一些黄酒企业中得到应用。

（7）机械化黄酒酿造设备日趋成熟。目前，黄酒行业有年产$1 \times 10^4 kL$、$2 \times 10^4 kL$和$4 \times 10^4 kL$的机械化黄酒酿造车间，酿造的黄酒质量稳定，风味可与传统手工酿造黄酒相媲美，已被消费者普遍接受。机械化黄酒酿造的工艺特点有：

①以金属大罐发酵代替陶缸、陶坛发酵，目前最大的前发酵罐容积为$71 m^3$、后发酵罐容积为$130 m^3$。

②部分或全部采用纯种培养麦曲和采用纯种培养酒母作糖化发

酵剂，保证糖化发酵的正常进行，并缩短了发酵周期。

③从输米、浸米、蒸饭、发酵到压榨、灭菌、煎酒的整个生产过程均实现了机械化操作。

④采用冷冻机制冷技术，自动调控发酵温度，改变了千百年来黄酒生产一直受季节影响的限制，实现了常年生产。

⑤采用立体布局，整个车间布局紧凑合理。并采用露天发酵罐，大大减少了发酵厂房的占地面积。

（8）澄清剂、冷冻和膜过滤技术的应用，显著提高了黄酒的非生物稳定性。由于采用了速冷机制冷后进保温罐保温冷凝及错流膜过滤新技术，从而使冷冻能耗和膜过滤成本大大降低。

（9）应用无菌过滤灌装技术。以膜过滤除菌和无菌灌装技术代替传统的热灭菌，有利于保持黄酒的风味和非生物稳定性。无菌过滤一般采用孔径为 $0.2 \sim 0.45\mu m$ 的微滤膜。这一技术首先在浙江古越龙山绍兴酒股份有限公司得到应用。

（10）膜分离脱醇法生产低度黄酒的新技术开发成功。浙江古越龙山绍兴酒股份有限公司与江南大学生物工程学院合作，采用反渗透膜脱醇，使绍兴黄酒的酒精度从16%～18%降至10%～12%后，几乎能保持绍兴黄酒的风味和理化指标不变。

第二章

黄酒生产的主要设备与现状

第一节　手工操作的常用设备

1. 瓦缸

瓦缸是酿制黄酒的浸米和发酵容器，用陶土制成。内外均涂有釉质。使用前外部刷一层石灰水，以便发现裂缝，防止漏水。

2. 酒坛

酒坛是盛成品黄酒的陶质容器。坛内外涂有釉质。使用前坛外刷一层石灰水，以便检查因裂缝而漏酒及防止阳光照射吸收热量。酒坛呈腰鼓形，一般每坛可储酒 25kg 左右。

3. 蒸桶

蒸桶（或称甑桶）为蒸煮米饭的工具，木制。蒸桶近底的腰部，装有一"井"字形木制托架，上面垫一个圆形的竹匾，再在竹匾上放一个棕制的圆形衬垫，以承受原料。

4. 底桶

在淋饭时,为了使饭粒温度均匀一致,或放一部分温水做复淋用,在蒸桶下放置一个一边开有小孔的木盆,称底桶。

5. 木榨

木榨为榨酒工具，为一杠杆式压滤机，用檀木制成。因榨框最高层离地三米许，所以另附有木梯一座。

以上几种主要设备都是原来手工操作时常用的设备。

第二节　黄酒生产主要设备现状

一、水处理设备

天然水中的杂质大致可分为悬浮物质、胶体物质和溶解性物质三大类。水中未经处理的许多有机物、无机物不仅会影响黄酒的品质和风味，而且在黄酒的发酵过程中，会影响微生物的生长代谢作用，因此，对酿造用水进行适度处理是提高黄酒品质不可忽视的一环。

目前，大多数黄酒生产企业对酿造用水都没有进行严格的分析和处理，往往是用现成的自来水或天然水源水。在当今水污染日趋严重的情况下，这个问题值得关注。如黄酒用水中的铁离子浓度会直接影响黄酒成品的非生物稳定性；自来水中游离氯的存在也是令成品酒风味受损的重要原因。因此，结合黄酒酿造水源的实际，合理配备水处理设备进行水质处理，是保证黄酒酿造品质的一个行之有效的手段。

二、大米精白设备

传统的黄酒生产原料是糯米或粟米，由于糯米产量低，价格相对较高，不能满足大批量黄酒生产的需要。在 20 世纪 50 年代中期，为降低生产成本，提高黄酒产量，科技人员通过米饭的蒸煮方法的技术革新，实现了用粳米或籼米代替糯米生产黄酒的目标，不仅降低了黄酒生产成本，而且使酒质保持稳定。80 年代，还试制成功了玉米黄酒、地瓜黄酒，有助于进一步降低黄酒生产成本、扩大原料来源。现在，籼米、粳米、玉米等原料酿制的黄酒的感官指标和理化指标都能达到国家标准。

因为糙米的外层（糊粉层）及胚部分含有丰富的蛋白质、脂肪、粗纤维和灰分。过量的蛋白质在黄酒发酵过程中会生成大量的氨基酸。脂肪在发酵过程中会氧化,从而产生酸臭和口味变苦的现象。黄酒中含量丰富的氨基酸虽赋予了黄酒高营养,但也损害了黄酒的口感,使酒体的呈味复杂化,严重影响了不同消费者的共同口感——爽口。因此,通过大米的精白处理提高大米的精白度,减少大米表层的蛋白质、脂肪、粗纤维、灰分等成分,可使酿制酒的风味提高。目前的精白设备主要是采用日本清酒生产中的大米精白机械。如果能在黄酒原料预处理设备,特别是大米精白机械上有所突破,将对我国传统黄酒的口味改良,特别是在提高黄酒爽口性方面起到积极作用。

三、蒸饭设备

米饭的蒸煮逐步由柴灶转变为由锅炉蒸汽供热;蒸饭设备也由蒸桶改成了机械化蒸饭机(立式和卧式);原料米的输送也实现了机械化。

我国目前最为先进的黄酒蒸饭设备是不锈钢卧式连续蒸饭机。它的优点是劳动强度低、蒸饭的熟度较容易控制、维护容易。缺点是蒸汽浪费多、能耗高;对不同米质所蒸的饭难以保证其"熟而不糊",一旦出现夹生饭,很难通过机器的调整控制来达到取消夹生的目的,对酿酒质量会造成一定的影响,严重的还会使酿制出的酒出现酸败现象。蒸饭设备要在提高性能、降低能耗上下工夫,设计一种连续的、密闭的装置,可通过机械调控手段或电气自动化控制使米饭达到最佳熟度。最可行的是要将目前以蒸汽的气压控制饭的熟度,改为用温度控制,以保证米饭能在规定的时间内被"蒸熟"。

四、饭曲水混合输送设备

黄酒酿造过程中,必须将米饭、糖化剂(麦曲)与发酵剂(酒母)一起混合加入,这就给输送物料带来很大的不便。由于黄酒发酵属于高浓醪发酵，混合物料投料时流动性较差，很难用管道进行输送。因此一直以来在蒸饭机的落料口，蒸熟的米饭拌上麦曲和酒母以后，必须用有一定坡度的溜管输送到发酵罐。受溜管的影响，这些混合物料不能被随心所欲地输送到车间的各个地方，只能将发酵分解为前发酵和后发酵，增加了杂菌污染的风险，对保证酒质也增加了难度。改造这一输送设备已成为节约投资、降低质量风险的重要手段。目前，会稽山绍兴酒股份有限公司采用进口螺杆泵进行混合料输送，已取得了良好的效果。

五、发酵设备

在 20 世纪中期，国家组织力量对绍兴酒的生产技术进行了科学的总结。从 60 年代起，开始采用金属发酵大罐代替陶缸进行黄酒发酵，现在已有 130m³ 的发酵大罐。大罐发酵由于和传统的陶缸发酵有很大的区别，在发酵工艺方面做了一系列的改良。传统的后发酵是将酒醪灌入小口酒坛，而现在已发展到大型后发酵罐，后发酵采用低温处理技术。碳钢涂料或不锈钢材料也普遍用于大罐设备的制造。

目前，绍兴黄酒采用较多的前发酵罐容积一般为 60m³，后发酵罐为 125m³，而啤酒发酵罐容积通常在 100 ~ 600m³。啤酒发酵容器大型化后，由于发酵基质和酵母对流获得强化，加速了发酵，发酵周期缩短，大幅度减少罐数，节省投资。绍兴黄酒为高浓醪发酵，发酵基质与发酵特性均与啤酒生产差别较大，发酵容器大型化尚有许多技术难题需要解决。

六、渣酒分离设备

黄酒中的固液分离设备就是压滤机，目前普遍使用的是以铸铁与聚丙烯为原料的板框式气囊。

压滤机是传统的固液分离设备之一。中国早在公元前 100 多年的汉朝，淮南王刘安发明豆腐的过程中就有了最原始的压滤机应用。

传统的黄酒压榨采用木榨。从 20 世纪 50 代开始，逐步采用螺杆压滤机、板框压滤机及水压机。60 年代，设计出了气膜式板框压滤机，并推广使用，提高了酒的产出率。

过滤机就滤板形式而言，有厢式和板框式之分；就滤板放置方位不同，有立式和卧式之分；就滤板材质不一，有塑料、橡胶、铸铁、铸钢、碳钢、不锈钢之分；就滤板是否配置橡胶挤压膜而言，有单面脱水和双面脱水之分等。

压滤机之所以能在黄酒行业应用，其最大的优越性就是正压、高压强脱水。与传统的真空过滤机相比，其压差要大得多，因而滤饼水分低，能耗少，酒液流失少，滤液透明度高。相关研究表明，压滤机是目前所有酿酒工业过滤机中唯一能确保滤饼水分占比达到 10%以下，而且可以不加絮凝剂的优良设备。

不论何种压滤机，其工作原理首先是正压、强压脱水，也称进浆脱水，即一定数量的滤板在强机械力的作用下被紧密排成一列，滤板面和滤板面之间形成滤室，被过滤物料在强大的正压下被送入滤室，进入滤室的过滤物料其固体部分被过滤介质（如滤布）截留形成滤饼，滤液部分透过过滤介质而排出滤室，从而达到固液分离的目的。随着正压压强的增大，固液分离将更彻底，但从能源和成本方面考虑，过高的正压压强并不划算。

进浆脱水之后，配备了橡胶挤压膜的压滤机，则通过压缩介质（如气、水）进入挤压膜的背面推动挤压膜，使其进一步挤压滤饼脱水，叫挤压脱水。进浆脱水或挤压脱水之后，压缩空气进入滤室滤饼的一侧透过滤饼，携带滤液从滤饼的另一侧透过滤布排出滤室，从而达到再脱水，叫风吹脱水。

若滤室两侧面都覆有滤布，则滤液可透过滤室两侧面的滤布排出滤室，为滤室双面脱水。脱水完成后，解除滤板的机械压紧力，逐步拉开单块滤板，敞开滤室进行卸饼，完成一个工作循环。根据过滤物料性质的不同，压滤机可分别设置进浆脱水、挤压脱水、风吹脱水或单双面脱水，目的就是最大限度地压干滤饼，减少滤饼水分。

板框式压滤机也有着无法克服的缺点，这就是需要间歇式生产作业，生产效率不高，卸酒糟、运糟时劳动强度大。而且，压滤机的占地面积也较大，生产场地利用率不高。因此，研究和开发具有连续压滤功能的黄酒设备，可以说是提高黄酒生产效率、降低劳动力成本、实现黄酒生产机械化与自动化的关键一环。

七、无菌灌装设备

黄酒通过多年储存，酒的陈香和酯香能得到极大的改善，深受广大消费者喜爱。但黄酒经陈储形成的幽雅的优质风味，往往由于包装过程中的高温灭菌而变得质地平平，与原酒有很大的差异，严重影响了成品黄酒的品质。因此，如何既能保证瓶酒灌装后有较长的保质期，又能避免瓶酒经过热灭菌后黄酒风味损失，就成为黄酒行业的一个热门话题。应用无菌过滤与无菌灌装技术，是目前黄酒行业正在积极进行的一个极为重要的技术革命。只要选用孔径合适的过滤材料，不仅能将黄酒冷灌装，而且能改善黄酒沉淀多的缺陷。因为采用 $0.20 \sim 0.45 \mu m$ 的微滤膜进行过滤，除能保证过滤掉大部分细菌外，还可除去一部分引起黄酒产生沉淀的蛋白质、多酚以及极大部分的糊精，而滤膜孔径更小的超滤则可过滤得更为彻底。这一技术现已基本成熟，既可保证品质，又可降低能耗，还能较大幅度地提高劳动生产率。

第三章

原料的输送及预处理设备

第一节 概 述

酿造工业所用的淀粉质原料常需要经过粉碎。而在粉碎流程中，原料一般由运输机送到料仓，再由料仓通过输送设备送经筛选、除杂设备后进入粉碎机，粉碎后的粉料流入粉料储仓，再投料进入拌料罐。所以，原料的粉碎过程常需输送及预处理设备与它配合。

为了提高生产效率、减轻工人的劳动强度、缩短生产周期，输送设备的机械化、连续化就显得更为重要。

在酿造工厂生产中，原料输送系统和预处理设备的选择关系到工厂的总体布局和结构形式，而输送系统的合理选择又取决于生产工艺流程。所以在考虑生产工艺流程时，应当把生产主体设备和输送、预处理系统的设备密切结合起来。

本章主要介绍常用的几种机械输送设备，气流输送设备，以及淀粉质原料常用的锤式粉碎机、辊式粉碎机等原料预处理设备（见图3-1）。

图 3-1 原料预处理系统

第二节 机械输送设备

一、带式运输机

带式运输机（简称皮带机）是一种连续运输机械。它可用于输送块状和粒状物料（如大米、小麦、谷物、地瓜干、大豆等），也可用于输送整件物料（如麻袋包、瓶箱等）。带式运输机可进行水平方向和倾斜方向的输送。

带式运输机的工作原理是利用一根封闭的环形带，由鼓轮带动运行，物料放在带上，依靠摩擦力随带前进，到带的另一端（或规定位置）靠自重（或卸料器）卸下。

带式运输机的优点是：结构比较简单，稳定可靠，输送能力大，动力消耗低，适应性广。其缺点是：造价较高；若改向输送，需多台机器联合使用。

1. 带式运输机的应用和分类

带式运输机可用来输送散粒状物品（如大米、小麦、湿粉、麸曲、麦芽等）、块状物品（如薯类、酒饼、煤等）及整件制品（如木箱、成包原料等）。它是酿造工厂广泛应用的一种运输机械。

物品在带式运输机上的运送方向，既可是水平的，也可以是倾斜的，但倾斜角度受物料和带的物理性质、两者间的摩擦力以及物料的自然滑落程度所限制。为使物料能稳妥放在带上，又能倾斜上运，其倾斜角度一般不大于22°。

带式运输机按结构不同，可分为固定式、运动式、搬移式三类；按用途不同，可分为一般的和特殊的。酿造工厂以采用固定式的带式运输机为多。

2. 带式运输机的构造

带式运输机是一条环形带，绕在相距一定距离的两个滚轮上。这两个滚轮，一个是连动力的启动轮；另一个是从动轮。启动轮由传动装置带动旋转，由于启动轮的旋转带动带运动，放在带上的物料就沿着带的运动方向而被运送出去。一般启动轮放在卸料端，以便用来平衡所受到的压力。从动轮的作用是支承运输带，但单靠它来支承是不够的，故在带的下面安置许多托滚，用以支承运输带不致下坠。托滚固定在运输机的机座上，此外，还有张紧装置使运输带有一定的张紧力，以利正常运行。带式运输机结构如图 3-2 所示。

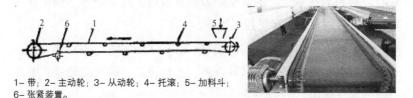

1— 带；2— 主动轮；3— 从动轮；4— 托滚；5— 加料斗；
6— 张紧装置。

图 3-2　带式运输机结构

作为运输机的带必须满足下面几个基本要求：强度高，本身质量轻，相对伸长小，弹性高、柔软、耐磨、耐用。常见的带式运输机的带有橡胶带、尼龙塑料带、钢带等几种，以橡胶带的使用最为普遍。

橡胶带是用几层棉织物，中间夹胶，在外面再涂一层胶而成。胶带的棉织层使带具有坚固性及纵向抗张能力，棉织层数愈多，所能承受的能力愈大，棉织层数随带的宽度而定。中间夹胶主要是黏结棉织层。外面涂胶是用以保护棉布不受潮湿及各种机械损伤。

3. 计算

（1）生产能力

带式运输机的生产能力以 Q（t/h）表示，由下式计算：

$$Q=3.6F \cdot u \cdot \rho \cdot \sigma$$

式中：F——物料在运输机上的横断面积（m²）；

u——运输带移动速度（m/s）；

ρ——松散物料的平均密度（kg/m²）；

σ——输送系数（可取 0.80～0.85）。

运输带移动速度 u 取决于运输物料的性质、带的形状以及设备的用途。一般情况下：

输送大麦、高粱、稻谷　　　$u=1.5～2.5$m/s

输送小麦、玉米、大米　　　$u=2.5～30$m/s

输送煤、煤渣　　　　　　　$u=2～2.5$m/s

输送成品物品　　　　　　　$u=0.8～1.2$m/s

物料在运输机上的横断面积 F（m²）按以下方式求取。

平带：

$$F_{平}=0.5b \cdot h \cdot c$$

式中：b——物料在带上的宽度（m），一般取 $b=0.8B$，B 为平带宽（m）；

h——物料在带上堆放的高度（m），$h=0.4B \cdot \tan\theta_1$（见图 3-3），$\theta_1$ 为运输带上物料的底角；

c——考虑带式运输机倾斜度的修正系数。

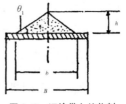

图 3-3　运输带上的物料

运输机的倾斜角 β 与 c 的对应关系如下。

$\beta=0～10°$　　　　$c=1.00$

$\beta=10°～15°$　　　$c=0.95$

$\beta=15°～20°$　　　$c=0.90$

$\beta \geqslant 20°$　　　　$c=0.85$

θ_1 的计算公式如下。

$$\theta_1 = (0.35 \sim 0.36)\theta_0$$

式中：θ_0——物料在静止时堆放在带上所形成的底角，一般为 $40° \sim 50°$，取平均值 $\theta_0 = 45°$。

因此，$\theta_1 = 15.8° \sim 16.2°$，取 $\theta_1 = 16°$。

综上所述，得：

$F_{平} = 0.5 \cdot (0.8B) \cdot (0.4B\tan\theta_1) \cdot c = 0.16B^2 \cdot c \cdot \tan(16°)$

则：

$$B_{平} = \sqrt{\frac{Q_{平} \cdot 10^3}{163u \cdot \rho \cdot \theta \cdot c}}$$

（2）消耗功率

带式运输机消耗功率 N（kW）按下式计算：

$$N = \frac{(N_1 + N_2 + N_3 + N_4)K}{\eta}$$

式中：N_1——提升物料消耗的功率（kW），$N_1 = \dfrac{QH}{367}$，Q 为运输机的生产能力（t/h），H 为提升高度（m）；

N_2——克服输送物料时的摩擦阻力所耗的功率（kW），$N_2 = \dfrac{R_1QL}{367}$，L 为运输机的长度（m），R_1 为阻力系数（见表3-1）；

N_3——克服空转时牵引机构的阻力所消耗功率（kW），$N_3 = \dfrac{R_2 \cdot u \cdot L}{367}$，$u$ 为移动速度（m/s），R_2 为阻力系数（见表3-1）；

N_4——使卸料设备运转所消耗功率（由实际生产定）（kW）；

η——传动效率，$\eta = 0.7 \sim 0.85$；

K——考虑到运输机工作条件的系数，$K = 1.1 \sim 1.2$，与带的长度有关，当 $L < 15\text{m}$ 时，$K = 1.2$。

表3-1 带的宽度与阻力系数

带宽 /mm	400	500	650	800	1000
R_1	0.063	0.059	0.055	0.051	0.046
R_2	2.16	2.70	3.60	4.75	6.25

二、斗式运输机

斗式运输机（简称斗提机）是一种垂直升送（也可倾斜升送）散状物料的连续运输机械（如图3-4所示）。它用胶带或链条作牵引件，将一个个料斗固定在牵引件上，牵引件由上下转鼓张紧并带动运行。物料从运输机下部加入料斗内，提升至顶部时，料斗绕过转鼓，物料便从斗内卸出，从而达到将低处物料升送至高处的目的。这种机械的运行部件均装在机壳内，以防止灰尘飞出，在适当的位置装有观察口。

图3-4 斗式运输机

目前，在黄酒生产企业中斗式运输机被用来输送小麦和大米。浙江古越龙山绍兴酒股份有限公司在全国黄酒行业中首次采用斗式运输机输送湿米，浸渍后的大米由输送带送入湿米机的入口，装入料斗，通过链式转鼓和链式料斗带输送，最后利用卸料装置将米卸出到蒸饭机的入口。

1. 斗式运输机的应用和分类

斗式运输机是将物料连续地由低处提升到高处的运输机械。所输送的物料可为粉末状、颗粒状或块状，如小麦、大米、谷物、薯粉、煤、瓜干等。按物料的运送方向不同，它可分为垂直的和倾斜的，但倾斜角一般都在70°以上；按照牵引构件的形式不同，它又可分为带式和链式的斗式运输机；按工作速度不同，它可分为高速的和低速的。

带式的斗式运输机仅用于负荷不大的地方（提升高度不大，而物料较轻的），由于其运转平稳，故速度可达3m/s；而链式的斗式运输机的提升高度较高，速度一般在0.5～1.0m/s。

2.斗式运输机的构造

斗式运输机的结构如图 3-5 所示。斗式运输机主要由传动的滚轮、张紧的滚轮、环形牵引带或链、斗子、机壳、装料装置、卸料装置等几部分组成。它是一个长的支架,上、下两端各安一个滚轮,上端是启动滚轮,连接传动设备,下端是张紧滚轮,运输机的带或链则围绕在两个滚轮上,运输机带上每隔一定的距离就装有斗子。

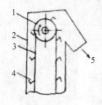

1- 主动轮; 2- 机壳; 3- 带;
4- 斗子; 5- 卸料口。

图 3-5 斗式运输机结构

物料放在斗式运输机的底座内,当运输机运转时,机带随之被带动,斗子经过底座时将物料舀起,斗子渐渐提升到上部,当斗子转过上端的滚轮时,物料便倒入卸料槽内流出。

传动滚轮的转速及直径的选择很重要。若选择不当,物料很可能在离心力的作用下超过卸料槽而被抛到很远的地方;或者未到卸料槽口即被撒落于运输机上段的机壳内。传动滚轮的直径 D(m)与速度 u(m/s)的关系可按下式计算:

$$u=(1.8-2)\sqrt{D}$$

一般,运碎料时,速度不超过 1.2m/s;运小块物料时,速度不超过 0.9m/s;运大块而坚硬物时,速度不超过 0.3m/s。

盛斗有深斗和浅斗两种。深斗的特征是前方边缘倾斜 65°,浅斗是 45°。深斗和浅斗的选择取决于物料的性质和装卸的方式。输送干燥、容易流动的粒状和块状物料时,常用深斗;输送潮湿和流动性不良的物料时，由于浅斗前缘倾斜角小，能更好地卸料，故一般采用浅斗。

斗式运输机的优点是：横断面上的外形尺寸小，有可能将物料提升到很高的地方（可达 30～50m），生产能力的范围也很大（50～160m³/h）；缺点是动力消耗较大。

3. 计算

（1）速度

对于不同的物料，斗式运输机的运行常采用不同的速度（见表3-2）。

表3-2　斗式运输机提升速度

物料的大小 /mm	40	50	50～70	更大的物料
最大速度 /（m/s）	2.50	2.00	1.55	1.25

（2）生产能力

斗式运输机的生产能力 Q（t/h）由下式计算：

$$Q = 3.6 \frac{V}{h} \cdot u \cdot \rho \cdot \varphi$$

式中：V——料斗的容量（m³）；

h——料斗间距（m）；

u——运输机移动速度（m/s）；

ρ——物料密度（kg/m³）；

φ——料斗装填系数（与物料相关，见表3-3）。

表3-3　不同物料装填系数

物料形状	物料粒径 /mm	装填系数
粉状物料	/	0.7～0.9
小块物料	20～50	0.6～0.8
中块物料	50～100	0.5～0.7
大块物料	≥100	0.3～0.5
湿物料	/	0.3～0.5

（3）功率消耗

轴功率 $N_{轴}$（kW）按下式计算：

$$N_{轴} = \frac{Q \cdot H}{367 \cdot \eta}$$

式中：Q——生产能力（t/h）；

H——提升高度（m）；

η——传动效率，η=0.5～0.8。

电机功率 $N_{电机}$（kW）按下式计算：

$$N_{电机} = 1.2 N_{轴}$$

式中：1.2——启动时，克服惯性力的阻力系数。

三、螺旋运输机

螺旋运输机是酿造工厂较为广泛应用的一种运输机械，用于黄酒厂醪液及制曲麦料的输送，还可用于加料、混料等操作。它是利用旋转的螺旋，推送散状物料沿金属槽向前运动。物料由于重力和与槽壁的摩擦力作用，在运动中不随螺旋一起旋转，而是以滑动形式沿着料槽移动，其情况好似不能旋转的螺母沿着旋转的螺杆做平移运动一样。

螺旋运输机的优点是：构造简单紧凑，密封性好，便于在若干位置进行装料和卸料，操作安全、方便。它的缺点是：输送物料时，由于物料与机壳、螺旋间都存在摩擦力，因此单位动力消耗较大；物料易被粉碎及损伤，螺旋叶及料槽也易受磨损；输送距离不宜太长，一般在30m以下（个别情况下可达50～70m）。

螺旋运输机的结构较为简单，它由外壳、一个旋转的螺旋、料槽和传动装置构成，如图3-6所示。当轴旋转时，螺旋把物料沿着料槽推动。物料由于重力和对槽壁的摩擦力作用，在运动中以滑动的形式沿料槽移动，而不随螺旋旋转。

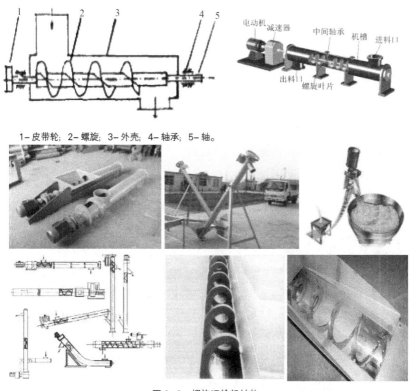

1-皮带轮;2-螺旋;3-外壳;4-轴承;5-轴。

图3-6 螺旋运输机结构

　　螺旋是由转轴与装在轴上的叶片构成,酿造工厂常用的有全叶式和带式两种。全叶式的结构简单,推力和输送量都很大,效率高,特别适用于松散物料的输送。对黏稠物料的输送,则可用带式螺旋。

　　螺旋的轴用圆钢或钢管制成。为减轻螺旋的质量,以钢管为好,一般可用直径为50～100mm的厚壁钢管。螺旋大多用厚4～8mm的薄钢板冲压成型,然后互相焊接或铆接,并用焊接方法固定在轴上。螺旋的直径普遍为150、200、300、400、500和600mm。

　　螺旋的转数一般为50～80r/min(也可达120r/min)。螺旋的距离一般为螺旋直径的0.5～1.0,对易损伤物料取小值,对松散的物料取大值。螺旋与料槽之间要保持一定的间隙，一般为 5 ～ 15mm。间隙小，阻力大，运输效率低。

料槽为半圆形，常用 5 ～ 6mm 厚的钢板制造，为使搬运、安装、修理方便，多由数节联成。每节长约 3m，各节连接处和料槽边都有角钢做成的边，以便安装和增强强度。料槽两端的槽端板，可用铸铁制成，它也是轴承的支座。进料口开在料槽的一端盖上，口上装设漏斗；卸料口开在料槽另一端的底部。

螺旋运输机的生产能力 Q（t/h）可由下式近似计算：

$$Q = 60 \cdot \frac{\pi}{4} \cdot D^2 \cdot s \cdot n \cdot \rho \cdot \varphi \cdot c \approx 47 \cdot D^2 \cdot s \cdot n \cdot \rho \cdot \varphi \cdot c$$

式中：D——螺旋的直径（m）；

s——螺距（m）；

n——螺旋转速（r/min）；

ρ——物料密度（t/m^3）；

φ——料槽装填系数，φ=0.125 ～ 0.4；

c——倾斜系数，倾斜角 0 ～ 20° 时，c=0.65 ～ 1.00；

螺旋运输机的消耗功率 N（kW）可由下式计算：

$$N_{轴} = \frac{Q}{367}(L \cdot R + H)$$

$$N_{电机} = 1.2 \frac{N_{轴}}{\eta}$$

式中：Q——生产能力（t/h）；

L——运输机长度（m）；

H——运送高度（m）（水平运送，H=0）；

R——阻力系数（粉料取 1.8，谷物取 1.4）；

η——传动效率，η=0.6 ～ 0.8。

第三节　气流输送设备

气流输送又称风力输送，是借助空气在密闭管道内的高速流动，使物料在气流中被悬浮输送到目的地的一种运输方式，目前已被广泛应用。黄酒厂利用气流输送小麦、大米，具有良好效果。

气流输送与其他机械输送相比，具有以下一些优点。

（1）系统密闭，可以避免粉尘和有害气体对环境的污染。

（2）在输送过程中，可以同时进行对输送物料的加热、冷却、混合、粉碎、干燥和分级除尘等操作。

（3）占地面积小，可垂直或倾斜安装管路。

（4）设备简单，操作方便，容易实现自动化、连续化操作，能有效改善劳动条件。

气流输送的缺点是：所需的动力较大，风机噪音大，物料的颗粒尺寸限制在30mm以下，对管路和物料的磨损较大，不适于输送黏结性和易带静电而有爆炸性的物料。对于输送量少而且是间歇性操作的物料，不宜采用气流输送。

一、气流输送流程

气流输送方式按输送气源的压力不同，可将气流输送分为吸引式和压送式两种。

1. 吸引式气流输送流程

吸引式气流输送又称真空输送。如图3-7所示，吸引式气流输送装置是将风机（真空泵）安装在整个系统的尾部，运用风机从整个管路系统中抽气，使管道内的气体压力低于外界大气压力，即处于负压状态。由于管道内外存在压差，气流和物料从吸嘴被吸入输料管，并沿输料管向真空泵方向悬浮输送，经旋风分离器分离后物料和空气分开，物料从分离器底部的卸料器卸出，含有细小物料和尘埃的空气再进入除尘器净化，然后经风机排入大气。

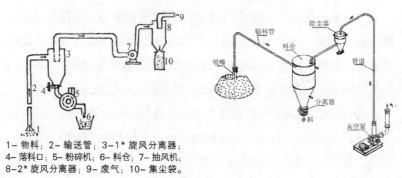

1- 物料；2- 输送管；3-1* 旋风分离器；
4- 落料口；5- 粉碎机；6- 料仓；7- 抽风机；
8-2* 旋风分离器；9- 废气；10- 集尘袋。

图 3-7　吸引式气流输送流程

由于输送系统为真空，消除了物料和粉尘的外漏，保持了室内的清洁。

2. 压送式气流输送流程

压送式气流输送装置工作流程（见图 3-8），是将风机（压缩机）安装在系统的前端，风机启动后，空气即压送入输料管路内，输料管道内压力高于大气压力，即处于正压状态。从料斗下来的物料，通过加料管与空气混合后输送至旋风分离器，分离出的物料由卸料器卸出，空气则通过除尘器净化后排入大气。

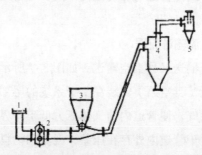

1- 空气粗滤器；2- 罗茨鼓风机；3- 料斗；4- 分离器；5- 除尘器。

图 3-8　压送式气流输送流程

压送式气流输送装置由于可以造成较大压差，故其输送距离和高度都比吸引式大。

3. 综合式气流输送流程

把真空输送与压力输送结合起来，就组成了综合式气流输送系统，如图 3-9 所示。

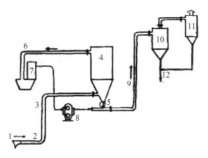

1- 吸嘴；2- 软管；3- 吸入侧固定管；4- 分离器；5- 旋转式卸（加）料器；6- 吸出风管；
7- 过滤器；8- 风机；9- 压出侧固定管；10- 压出侧分离器；11- 二次侧固定管；12- 排料口。

图 3-9　综合式气流输送流程

风机一般安装在整个系统的中间。风机前，物料靠管道内的负压进行真空输送，即吸送段；而在风机后，物料靠空气的正压来输送，即压送段。

这种装置兼有吸引式和压送式的特点，可从数点吸入物料并压送至较远、较高的地方，但由于在中途需将物料从压力较低的吸送段转入压力较高的压送段，使得装置结构较为复杂，同时风机的工作条件较差（因为从分离器来的空气含尘较多）。

4. 流程比较

当从几个不同的地方向一个卸料点送料时，采用吸引式（真空）气流输送系统最适合；而当从一个加料点向几个不同的地方送料时，采用压送式气流输送系统则最适合。

真空输送系统的加料处不需要加料器，而排料处则需要安装封闭性较好的排料器，以防止在排料时发生物料反吹。与此相反，压送式气流输送系统在加料处需装有封闭性较好的加料器，以防止在加料时发生物料反吹，而在排料处就不需排料器，可自动卸料。

当输送量相同时，压送式系统较真空输送系统采用较细的管道。因为它的操作压强差为负压系统的 1.5 倍左右，压送系统若能在加料处封住物料反吹，则其最大的操作压强可在 $6.86 \times 10^4 \sim 8.34 \times 10^4 \mathrm{Pa}$（表压）。但负压系统通常最大操作压强为 $5.33 \times 10^4 \mathrm{Pa}$。

在选用气流输送装置时，必须对输送物料的性质、形状、尺寸、输送距离等情况进行详细了解，并与实际经验结合起来，综合考虑。

二、气流输送的配套设备

1. 进料装置

（1）吸嘴

吸嘴是真空气流输送系统的进料装置。对吸嘴的要求主要是：在进风量一定的情况下，吸料量多且均匀，以提高输送装置的产量，减少系统的压力损失；具有补充风量装置及调节机构，以获得最佳混合比；轻便、牢固，安装拆卸方便，工作可靠，便于插入堆料又易拔起，能将各个角落的物料吸干净。

吸嘴的种类很多，常用的有下列几种。

①单管形吸嘴。输料管口就是单管形吸嘴，空气和物料同时从管口吸入。其由于结构简单，应用较多。其缺点是当管口外侧被大量物料堆积密封时，空气不能进入管道而使操作中断。

②带二次空气进口的单管形吸嘴。这种吸嘴的管口倾面开有二次空气进口，在一定程度上改善了普通单管形吸嘴的缺点，但效果有限。

③喇叭形双筒吸嘴。这种吸嘴的结构是内部为喇叭口的单筒管

和外部套管，二次空气从环隙间进入，套管可上下调节至最有利的位置，以获得最好的操作条件，如图3-10所示。

④固定式吸嘴。这种形式的吸嘴是物料从料斗中直接加入输料管中（如图3-11所示），由滑板调节加料量。由于空气进口处是敞开的，所以应装铁丝网，防止异物吸入。

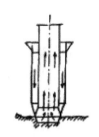

1- 输料管；2- 滑板；3- 物料；4- 空气。

图 3-10　喇叭形双筒吸嘴结构　　图 3-11　固定式吸嘴结构

（2）旋转式加料器（闭风器）

旋转式加料器在真空输送系统中用于卸料，而在压送式气流输送系统中可用作加料器。因此，旋转式加料器在气流输送中得到广泛的应用。

旋转式加料器又称星形供料器，结构如图3-12所示。在机壳内装有可以旋转的有若干叶片的转子，叶片数一般为6～8片。物料由上部料斗落下，进入转子叶片间的格子里，随同转子旋转，转至下部，借自重落入输料管（或料箱）中。转子的空格子再转至上部，重新落入物料。转子就这样不断旋转，不断地送料。

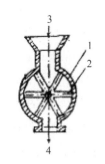

1- 外壳；2- 叶片；3- 入料；4- 出料。

图 3-12　旋转式加（卸）料器结构

这种加料器的供料量，一般在低

转速时（旋转叶片的圆周速度 $0.25 \sim 0.50\text{m/s}$），与速度成正比。但当速度再加快，供料量反而下降，并出现不稳定的情况。这是由于叶片旋转速度太快，叶片会将物料飞溅开，使物料不能充分送入叶片间的格子内，已送入的又有可能被甩出来。生产中为使供料量准确，转子的转数应在与供料量成正比的变化范围之内。

2.卸料装置

（1）离心式卸料器

离心式卸料器实质就是旋风分离器，气流经旋风分离器后，物料从分离器下部的卸料装置排出，分离后的气流从顶部的中央出气口排出，并进入除尘装置，回收气流所带走之灰尘。

分离器下部物料的卸料装置常见的有两种型式。

①旋转式卸料器（见图3-12）。在吸引式气流输送系统中，因吸送装置的卸料是在负压下工作的，为保证既可使物料从卸料口卸下，又不致抽进空气而破坏分离效果，故常采用这种卸料器，可达到卸料及锁气的目的。

②阀门式卸料器。这种卸料器的结构如图3-13所示，由两个物料箱相连而成，其间装有挡板，卸料时，上、下挡板交替开闭，将分离器内的物料源源排出。

当物料落在挡板1上时，挡板1借助物料的质量自行打开，于是物料便落到上箱2内。当上箱内的物料达到一定质量时，挡板3同样地自动打开，物料被排出箱外。

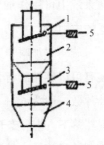

1- 上挡板；2- 上箱；3- 下挡板；
4- 下箱；5- 平衡锤。
图 3-13　阀门式卸料器结构

此时，挡板1因受到背压而关闭，故分离器和大气又被隔绝。物料箱挡板的升动是利用物料质量来进行的，所以只适用于上、下压差小的情况。上述操作情况交替进行，是为了在完全防止从上箱往分离器内漏气的情况下进行排料。

（2）沉降式卸料器

沉降式卸料器实质上就是重力式分离器。带有悬浮物料的气流，进入一个较大的圆柱形空间里，气流速度大大降低，悬浮的颗粒由于自身的重力而沉降，气体由上部排出，如图 3-14 所示。

为尽力提高分离的效果，要求降低进口的速度，特别是粉状物料，更容易被气流重新卷起，所以采用切线进料较好。

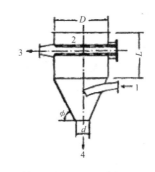

1- 物料；2- 滚筒；3- 气体出口；4- 出料。
图 3-14　沉降式卸料器结构

3. 空气除尘装置

气流输送系统物料经卸料器之后，颗粒状物料一般可百分之百卸出，但因输送过程中物料有磨损，排出的气流中还含有大量粉尘。为提高回收率和减少对大气环境的污染，常需将气流送入空气除尘装置以达到进一步的分离。常用的除尘器有离心式除尘器、袋滤器和湿式除尘器。

4. 风机

风机是气流输送系统的动力源。风机供给高速运动的空气流，推动物料进行输送。风机所提供的风量和风压必须满足输送系统的要求。

气流输送系统常用的设备有往复式真空泵、SZ 型水环式真空泵、离心式通风机和罗茨鼓风机等。

三、气流输送系统的计算

1. 气流速度

在气流输送系统中，气流速度过低，被输送的物料不能悬浮或不能完全悬浮；气流速度过高，则浪费动力和增加颗粒的破碎。所以，确定适合的气流速度是一个重要的问题。但这个问题，到目前为止，还没有完全从理论上得到解决。

物料在垂直管中的气流输送，对单个颗粒来说，只要气流速度大于颗粒的悬浮速度，就可以进行气流输送。但实际上，由于物料颗粒间的碰撞、颗粒与管壁间的碰撞，以及气流速度沿管截面上分布的不均匀性等因素，要获得良好的气流输送状态，使用的气流速度应比颗粒的悬浮速度大，超出的系数应通过实验来确定。水平管中的颗粒悬浮机理与垂直管完全不同，其气流速度与颗粒悬浮速度间的关系尚未找到合适的答案，气流速度的确定方法也常采用实验或经验的方法。

从降低系统的阻力、减小风机的功率消耗、减少管路磨损来讲，气流速度应该是小一些好，因此，气流速度就有一个适宜值的问题，实际选用时，应根据输送物料的物性、固气间的混合比、供料情况、输送距离等因素加以考虑。表 3-4 ~ 表 3-6 可供参考。

表 3-4　各类谷物的输送气流速度

物料	密度 /（kg/m³）	沉降速度 /（m/s）	气流速度 /（m/s）
大麦	1300 ~ 1350	8.7	15 ~ 25
小麦	1240 ~ 1380	6.2 ~ 9.8	15 ~ 24
玉米	1300 ~ 1400	8.9 ~ 9.6	25 ~ 30
糙米	1120 ~ 1220	7.7	15 ~ 25
高粱	1250 ~ 1350	8.9 ~ 9.5	15 ~ 25
麦芽	700 ~ 800	0.8 ~ 1.2	20 ~ 22

表3-5 气流速度与输送距离

距离 /m	气流速度 / (m/s)
60	20
150	25
360	30

表3-6 混合比参考值

物料	气流速度 / (m/s)	混合比
细粒状物料	25 ~ 35	3 ~ 5
颗粒状物料（低真空吸引）	15 ~ 25	3 ~ 8
果粒状物料（高真空吸引）	20 ~ 30	15 ~ 25
粉状物料	16 ~ 22	1 ~ 4
纤维状物料	15 ~ 18	0.1 ~ 0.6

2.混合比

气流输送系统中，单位时间物料的输送量 W_s 与单位时间空气的需要量 W_a 的比值 μ_s 称为混合比。

$$\mu_s = \frac{W_s}{W_a}$$

式中：W_s——单位时间物料的输送量（kg/h）；

W_a——单位时间空气的需要量（kg/h）。

上式表示了单位质量的空气所能输送的物料质量。混合比愈大，同样质量的空气所能输送的物料质量就越大，即输送能力越大。但混合比过大时，在同样的气速下，容易产生管路堵塞、压力降增大，即需要压力较高的空气。混合比受物料性质的影响。松散颗粒物料可选用大混合比；潮湿而易结块的物料、粉状物料宜选用小的混合比。真空气流输送的混合比选小一些；压送式输送的混合比可选大一些。

计算时，可参考经验数据。例如：原料装卸 μ_s=7 ~ 14，米 μ_s=4，小麦 μ_s=3 ~ 10，面粉 μ_s=4 ~ 6。

3. 空气的输送量和输送管径的计算

（1）空气的输送量

空气的输送量 V_a（m^3/h）按下式计算。

$$V_a = \frac{W_a}{\rho_a} = \frac{W_s}{\rho_a \cdot \mu_s}$$

式中：ρ_a——空气的密度（kg/m^3）。

为保证空气量不受漏气和其他因素的影响，实际空气量可比上述计算值大 10% ~ 20%。

（2）输送管径

在已知输送气流速度 u_a（m/s）时，输送管的内径 D（m）按下式计算。

$$D = \sqrt{\frac{4V}{3600 \cdot \pi \cdot u_a}} = \sqrt{\frac{4W_s}{3600 \cdot \rho \cdot \mu_s \cdot \pi \cdot u_a}}$$

由上式算得管径，再依据国家的管材规格，选用标准管径。

输料管要求具有足够的强度和耐磨性，一般采用无缝钢管，也可采用普通的水煤气管、不锈钢管或硬质聚氯乙烯管等。

第四节　原料储存设备

为节约存放场地，把通过处理的原料（如大米、小麦）通过斗式运输机、刮板运输机把原料输入筒仓中存放备用，利用通风设备保证筒内原料不变质。目前，机械化黄酒生产主要采用标准化筒仓技术储存，主要设备包括镀锌钢板仓、刮板运输机和通风设备。

以标准化筒仓技术储存原料糯米代替散装（简易袋子包装），减少粉尘量，提高密闭性能，防渗、防潮，避免生物污染，提高原料储存质量。

自动控制原料筒仓输送系统（见图 3-15）能提高原料调节水平，

有效地衔接黄酒酿造与库存,加快原料周转,降低成本。

图 3-15　自动控制原料筒仓输送系统

第五节　原料筛选与分级设备

生产原料在进行加工前,必须先将原料中的杂物除去。若像铁片、石子那样的杂物混入原料,会给后续加工带来困难,如在原料的粉碎过程中,容易使粉碎机的筛板磨损,使机器发生故障,机械设备的运转部位由于磨损而损坏。有些杂质会使醪泵、研磨机等设备的内部机械零件遭到损坏,严重影响正常生产。有时当有大量或大块的夹杂物时,甚至会堵塞阀门、管道和泵,使生产停顿。

一、磁力除铁器

磁力除铁器(磁选设备)的主要作用是利用磁性除去原料中的含铁杂质,其主要部件是磁体。磁体有永久磁体和电磁体两种。磁选设备分永磁溜管和永磁滚筒。

1. 永磁溜管

永磁溜管(见图 3-16)的永久磁铁装在溜管上边的盖板上。一般在溜管上设置 2~3 个盖板,每个盖板上装有两组前后错开的磁铁。

工作时，原料从溜管上端流下，磁性物体被磁铁吸住。工作一段时间后进行清理，可依次交替地取下盖板，除去磁性杂质。

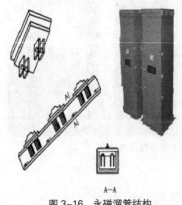

图 3-16　永磁溜管结构

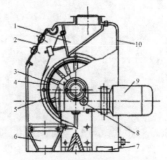

1-进料斗；2-观察窗；3-滚筒；4-磁芯；
5-隔板；6-出口；7-铁杂质收集盒；
8-变速机构；9-电动机；10-机壳。

图 3-17　永磁滚筒结构

2.永磁滚筒

永磁滚筒（见图 3-17）主要由进料装置、滚筒、磁芯、机壳和传动装置等部分组成。磁芯由锶钙铁氧体永久磁铁和铁隔板按一定顺序排列成圆弧形并安装在固定的轴上，形成多极头开放磁路。磁芯圆弧表面与滚筒内表面间隙小而均匀（一般小于 2mm），滚筒由非磁性材料制成，外表面敷有无毒而耐磨的聚氨酯涂料作保护层，以延长使用寿命。滚筒通过蜗轮蜗杆结构由电动机带动旋转。磁芯固定不动。滚筒质量小，转动惯量小。永磁滚筒能自动地排除磁性杂质，除杂效率高（98％以上），特别适用于除去粒状物料中的磁性杂质。

二、筛选设备

筛选是谷物等生物质原料清理除杂最常用的方法。筛面上配备适当的筛孔，使物料在筛面上做相对运动。

振动筛是原料加工中应用最广的一种筛选与风选结合的清理设备，多用于清除小及轻的杂质。振动筛主要由进料装置、筛体、吸风除尘装置和支架等部分组成，如图 3-18 所示。

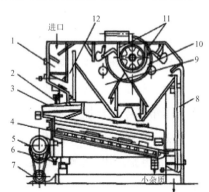

1- 进料斗；2- 吊杆；3- 筛体；4- 筛格；5- 自衡振动器；6- 弹簧限振器；
7- 电动机；8- 后吸风道；9- 沉降室；10- 风机；11- 风门；12- 前吸风道。

图 3-18　振动筛结构

　　进料装置的作用是保证进入筛面的物料流量稳定并沿筛面均匀分布，以提高清理效率，进料量可以调节。进料装置由进料斗和流量控制阀门构成，按其构造不同，分为喂料辊和压力进料装置两种。

　　筛体是振动筛的主要工作部件，由筛框、筛子、筛面清理装置、吊杆、限振机构等组成。筛体内有三层筛面。第一层是接料筛面，筛孔最大，筛上物为大型杂质，筛下物为粮粒及小型杂物，筛面反向倾斜，以使筛下物集中落到第二层的过程中筛条的棱对料产生切割作用，厚度约为筛孔的 1/4，一层料及其中的细粒被棱切割而被筛下。筛的分级粒度大致是筛孔尺寸的 1/2，但随着筛条棱的磨损，通过筛孔的粒度将减少。

　　振动筛是一种平面筛，常用的有两种：一种是由金属丝（或其他丝线）编织而成的；另一种是冲孔的金属板。筛板开孔率一般为 50%～60%，开孔率越大，筛选效率越高，但开孔率过大会影响筛子的强度。目前使用的筛选机，筛宽为 500～1600mm，振幅通常取

4 ～ 6mm，频率可在 200 ～ 650 次 /min 范围内选取。

圆筒分级筛如图 3-19 所示。筛筒的倾斜角度为 3°～ 5°；筛筒直径与长度之比为 1∶（4 ～ 6）；圆周速度为 0.7 ～ 1.0m/s，若速度太快，粒子反而难以穿过筛孔，使生产率下降。圆筒用厚 1.5 ～ 2.0mm的钢板冲孔后卷成筒状筛，整个圆筒往往分成几节筒筛，布置不同孔径的筛面，筒筛之间用角钢连接作加强圈。圆筒用托轮支承在用角钢或槽钢焊接的机架上，圆筒一般以齿轮传动。筛分的原料由分设在下部的两个螺旋运输机分别送出，未筛出的原料从最末端卸出。

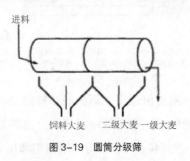

图 3-19　圆筒分级筛

第六节　原料粉碎设备

一、原料粉碎的目的和意义

我国大多数酿造厂目前多会采用粉碎淀粉质原料。除部分厂直接购买粉料外，多数酒厂都具有固体原料的粉碎机械，在厂内进行粉碎处理。

固体原料经过粉碎，原料的比表面积显著增大，从而大大加速了淀粉组织在蒸煮过程中的糊化过程。采用粉碎原料进行蒸煮，不但可以提高淀粉的利用率，而且可节约蒸汽用量，减少能量消耗；同时，由于原料经过粉碎，颗粒度变小，有利于彻底糖化，可减少输料管道的阻塞现象，为生产的连续化创造有利条件。对于带壳的原料和坚硬的野生植物原料，则必须先经粉碎处理，才可投入生产。

二、原料粉碎的方法

原料的粉碎可分为干式粉碎、湿式粉碎和增湿粉碎三种。

干式粉碎是一种最常用的粉碎方法，是将干原料送入粉碎机进行直接粉碎。为了减少粉尘飞扬损失和保持车间环境的洁净卫生，干式粉碎时必须配备除尘通风装置。通常在粉碎室装配抽风管道，用风机将带有粉尘的空气抽至旋风分离器、粉尘回收器，回收空气中粉尘。我国的酒精厂和酒厂一般都采用干式粉碎的方法。

湿式粉碎是将一定量的水和原料混合后进行粉碎，从粉碎机出来时为粉浆。这种粉碎方式因无原料粉末飞扬，所以不需要除尘通风等辅助设备，车间的卫生好，所得的成品颗粒大小均匀，成品的排出也较方便。缺点是粉碎所得的料浆必须即时投入生产，不宜储藏，耗电量也较多。

增湿粉碎是将少量的水（一般为原料量的5%）和原料快速混合，静置 $10 \sim 15min$，使物料表皮变软后进行粉碎，以达到"肉破皮不破"的粉碎效果，得到皮壳比较完整的粉料。这种粉碎方式原料粉尘相对较少，车间的卫生好，所得粉料皮壳比较完整，有利于加工过程的分离。缺点是粉碎所得的粉料必须在短时间内投入生产，不宜储藏。

不论是干式、湿式或增湿粉碎，其粉碎原理都是一样的。物料的粉碎方式按操作作用力的不同可分为以下四种。

（1）挤压粉碎。固体原料放在两挤压面之间，当挤压面施加的挤压力达到一定值而被粉碎，如图 3-20a 所示。

（2）冲击粉碎。物料受瞬时冲击力作用而被粉碎，如图 3-20b 所示。

（3）研磨粉碎。物体受研磨力作用而被粉碎，如图 3-20c 所示。

（4）劈裂粉碎。物体放在一带有齿的面和一平面间受挤压而使物料被粉碎，即劈裂而粉碎，如图 3-20d 所示。

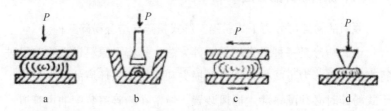

图 3-20　物料的粉碎方式

要使物料达到粉碎，无论是哪一种作用力，都需超过物料的破碎强度，物料才能粉碎。否则，物料只产生弹性变形，当外力除掉后，物料就会恢复原形，而达不到粉碎的目的。

各种粉碎设备所产生的粉碎力不是单纯一种力，而往往是几种力的组合。但对特定的设备，则可以是以一种力为主要的粉碎作用力。

粉碎方法必须根据物料的物性、大小和所要求的粉碎程度等而定。对坚硬的和脆性的物料，挤压和冲击很有效。对韧性物料，剪切力的作用就较好。对方向性物料，则以劈碎为宜。

三、物料粉碎程度的表示方法

固体物料的粉碎，常按被粉碎物料和成品的粒度大小，做如下的分类。

（1）粗碎。原料粒度 40 ~ 150mm，成品粒度 5 ~ 50mm。

（2）中、细碎。原料粒度 5 ~ 50mm，成品粒度 0.1 ~ 5mm。

（3）磨碎或研碎。原料粒度 2 ~ 5mm，成品粒度 0.1mm 左右。

（4）胶体磨。原料粒度远小于磨碎范围，而成品粒度减小到 0.01μm（属湿法操作）以下。

物料粉碎前、后平均粒径之比，称粉碎度（或称粉碎比），以

X 表示。

$$X = \frac{d_1}{d_2}$$

式中：d_1——粉碎前物料的平均粒径（mm）；

d_2——粉碎后物料的平均粒径（mm）。

粉碎度表示粉碎操作中物料粒度的变化比例。物料经一次粉碎后的粉碎度：粗碎为 2 ～ 6，中、细碎为 5 ～ 50，磨碎为 50 以上。总粉碎度常经几次粉碎步骤后才能达到。

因物料的形状常为不规则的，粒径也不一致，所以，物料的粉碎程度又常以物料通过不同筛目的百分数来反映。即用筛析法测定物料的粗细。

筛析法所用的标准筛，系由网眼大小一定的筛网所构成。网眼一般为正方形，其大小划分按各种筛制而有不同。目前国内多用泰勒标准筛制。它是以每英寸（1 英寸＝ 2.54cm）长筛丝上的网眼数来表示筛号（目）。例如 200 号筛，即每英寸 200 个筛孔，其筛丝直径为 0.0021 英寸，故每孔净宽为 0.0029 英寸，相当于 0.074mm。

四、原料粉碎设备

黄酒生产原料粉碎机主要有锤式粉碎机和辊式粉碎机两种。锤式粉碎机用于如曲块、糟板等的粉碎作业，为避免物料堵塞筛孔，物料含水率不应超过 15%。用于粉碎黄酒糟板时，因糟板黏性较大，一般在粉碎时掺入 3% ～ 5% 的谷壳或大糠。辊式粉碎机广泛用于粒状物料的中碎及细碎，分二辊式、四辊式、五辊式和六辊式等。黄酒厂在粉碎制曲原料小麦时使用的是二辊式粉碎机，现在二辊式粉碎机也用于块曲的粉碎。

1. 对粉碎机械的一般要求

无论粉碎机械属哪种作用力形式，原料的性质及所需粉碎度都应符合下述基本要求：

（1）粉碎后的物料颗粒大小要均匀；

（2）已被粉碎的物块，需立即从轧压部位排除；

（3）操作能自动化，如能不断地自动卸料等；

（4）容易更换磨损的部件，在操作发生障碍时，有保险装置能自动停车；

（5）产生极少的粉尘，以减少环境污染及保障工人健康；

（6）单位产品消耗的能量要小。

2. 锤式粉碎机

我国酒厂常用的原料粉碎机有锤式粉碎机、辊式粉碎机和万能粉碎机等。以锤式粉碎机的应用最普遍，它可用于谷类、薯类以及野生植物等各种原料的粉碎。

锤式粉碎机结构如图 3-21 所示。它的主要组成部分有由机座和机盖合成的壳体、在主轴上有钢质圆盘或方盘的转子。在转子上，对称于主轴的位置装有 4～6 条轴，悬挂着许多可摆动的锤刀。在未运转时，由于重力的作用，锤刀向下垂；运转时，锤刀由于离心力的作用呈辐射状，物料从料斗进入机内，受锤刀锤击力的作用而被粉碎；机盖的内侧面装有齿形撞击板，使物料受锤刀锤击后撞到齿形板上，更易被击碎；被击碎的物料经弧形筛面筛分，细粉透过筛孔落入粉室，粗粒则留在机内继续粉碎；如原料

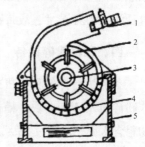

1- 入料网；2- 锤刀；3- 转子；4- 筛网；5- 机壳。

图 3-21 锤式粉碎机结构

中夹有铁器或石块，由于铁器或石块的质量很大，在很大的离心作用下，钻入安全槽，停车后打开安全槽的插板，即可把铁、石块取出。

锤式粉碎机的主要构件是锤刀和筛板。

（1）锤刀。锤刀的形状有矩形、带角矩形和斧形几种，用高碳钢或锰钢制成，如图 3-22 所示。

锤刀的型式尺寸，取决于物料的尺寸和性质。矩形锤刀常用 40mm×（125～180）mm×（6～7）mm。锤刀的质量对粉碎效果和功率消耗有很大的影响。如锤刀质量过小，产生离心力也小，且锤刀撞击物料后，有可能绕自己的悬挂轴向后偏转，这样就减少物料被撞击的机会，降低了粉碎效果；如锤刀太重，则功率消耗增大，不经济。

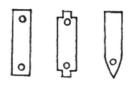

图 3-22　锤刀

锤刀尖端的圆周速度一般为 25～55m/s。当要求原料粉碎得较细时，选用上限值；反之，则近于下限。这样就决定了锤式粉碎机转子的转速一般为 2800～3200r/min。

（2）筛板。筛板用于控制粉碎物料的粒度。筛板上有许多筛孔，筛孔直径根据产品粒度来确定。筛板上的孔有圆形或长条形，细粉碎机的筛孔多为圆形，粗粉碎机的筛孔多为长条形。筛板表面与锤刀顶端间隙对产品粒度有影响，产品粒度愈小，间隙也愈小，一般为 5～10mm。

表 3-7 列出了几种型号的锤式粉碎机规格，供参考。

表 3-7　锤式粉碎机规格

型号	305 型	380 型	504 型
转子直径 /mm	305	380	504
转速 /（r/min）	3500	3500～3800	2800～3200
锤片个数	8	12	16
功率 /kW	4.5	14	28～40
外形尺寸（长 × 宽 × 高）/m³	680×570×650	815×838×773	1170×1040×1020
机重 /kg	110	196	330

3. 辊式粉碎机

辊式粉碎机广泛用于破碎黏性和湿物料块。黄酒厂粉碎制曲用的小麦原料和麦曲都用辊式粉碎机破碎，常用的是两辊式粉碎机。

两辊式粉碎机主要工作机构为两个相对旋转的平行的圆柱形辊筒。工作时，装在两辊之间的物料由于辊筒对物料的摩擦作用而被拖入两辊的间隙中被粉碎。两辊式粉碎机制造简便，结构紧凑，运行平稳，通常适于中碎和细碎。

两辊式粉碎机依照装配结构不同，分为：①一个辊筒的轴承座可沿导轨滑移，另一个辊筒的轴承座固定（见图 3-23a）；②两个辊筒的轴承座均可沿导轨滑移（见图 3-23b）。

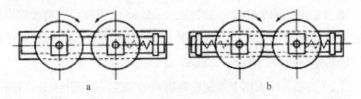

图 3-23 两辊式粉碎机辊筒的装配结构

图 3-24 为两辊式粉碎机结构图，其中一个辊筒轴承座为可移动的。作为粉碎作业工作部件的两个辊筒相对转动。固定辊筒的轴承座装在机架上，可移动的辊筒的轴承座由弹簧压紧，在承受载荷过大时，弹簧被压缩，轴承座可沿导轨滑移。两轴承之间装有支承架及可拆装的钢垫片，厚度可调节，从而改变两辊间的间隙。辊筒的表面可以是光滑的，也可以是拉丝的。前者主要以挤压粉碎为主，适合皮壳要求较完整的原料粉碎，如制曲用小麦的粉碎；后者主要以剪切粉碎为主，适合粉碎度要求较高的原料，如麦曲的粉碎。

当辊筒间隙内落入不能粉碎的硬物时，可移动辊筒，使弹簧压缩而向后滑移。硬物通过后，借弹簧力恢复到原来的位置。辊间的挤压力可由调节螺母及弹簧压板来调整。辊筒外表面装配有耐磨护

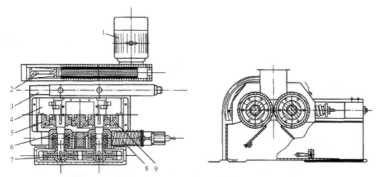

1– 电动机；2–V 带传动装置；3– 机架；4– 安全罩；5– 固定破碎辊筒；
6– 滚动轴承座；7– 加长齿齿轮；8– 保险弹簧；9– 可移动粉碎辊筒。
图 3-24　两辊式粉碎机结构

套，护套材料大多用锰钢。为延长护套使用寿命，也有在护套表面
焊一层耐磨硬质合金的。两辊筒下侧设有刮刀，用于刮除黏附在辊
面上的物料。图 3-25 是两辊式粉碎机的实物图。

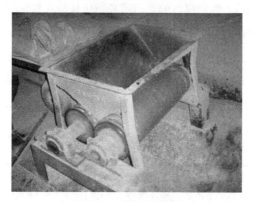

图 3-25　两辊式粉碎机

第七节　大米原料的处理设备

大米原料的处理主要指精白，即把米的皮层剥去。剥皮有 3 种
方法：摩擦去除、削去、冲击去除。因米粒的内部组织比外皮部硬，

因此，为了得到精白度高的大米，必须利用削去的方法。日本清酒生产中使用的精米机就是利用削去的方法，对硬米、脆米进行精白，并可以得到任意的白米粒形状。我国目前还没有这种酿酒用精米机，如能在精米机上有所突破，则可以提高大米的精白度，有利于开发出口感清爽的黄酒新产品。

一、精白的目的

糙米表面是一层含粗纤维较多的皮层（糠层）组织，皮层含有粗蛋白 14.8%、粗脂肪 18.2%、粗纤维 9.0%。蛋白质和脂肪含量多，是黄酒异味的来源，会影响成品酒的质量，应尽量精白碾除。使用糙米或粗白米酿黄酒时，植物组织的膨化和溶解受到限制，米粒不易浸透；蒸饭的时间长，出饭率低，糊化和糖化的效果较差；色味不佳，饭粒发酵也不易彻底；糠层富含的蛋白质和脂肪又易导致生酸和产生异味。

糙米精白时，大部分的糠层和胚被擦离、碾削除去。一般以粒面留皮率为主，并辅以留胚率，留皮率用以评定大米的加工精度。精白过程中的化学成分变化规律是：随着精白度的提高，白米的化学成分接近胚乳；淀粉的含量比例随着精白度的提高而增加，其他成分则相对减少，见表 3-8。

表 3-8 不同精白度粳米的化学成分比较

名称	水分含量 /%	蛋白质含量 /%	脂肪含量 /%	无氮抽提物含量 /%	灰分含量 /%	粗纤维含量 /%	钙含量 / (mg/100g)	磷含量 / (mg/100g)
粳糙米	14	7.1	2.4	75	0.8	1.2	13	252
粳米标准二等	14	6.9	1.7	76	0.4	1.0	10	200
粳米标准一等	14	6.8	1.3	77	0.3	0.8	8	164
粳米特等二级	14	6.7	0.9	78	0.2	0.6	7	136
粳米特等一级	14	6.7	0.7	78	0.2	0.5	/	120

但是，从充分发挥经济效益的角度来衡量，加工精度又牵涉到大米的价格级差：标准一等大米的酿酒效果较令人满意；标准二等大米则质量较差，但价格也较低。一般尽可能选用标准一等大米。

二、精白度和糙米出白率

大米的加工精度越高，其碾减率越大，出白率（出米率）就越低。糙米出白率是衡量稻米品质的一个重要指标。前些年我国对此比较忽视，长期偏重于以稻谷产量为亩产标准。而国外大多以糙米产量为亩产考核标准，故注重糙米出白率（日本称为精米率）。

$$糙米出白率 = \frac{白米产量（kg）}{糙米产量（kg）} \times 100\%$$

日本酿造清酒，因酒母用米的质量要求比发酵醪用米的质量要求高，故一般规定酒母用米的糙米出白率为70%，发酵用米的为75%。经长期实践证实，精白度的提高有利于蒸饭和发酵，有利提高酒的质量和改善风味。所以，在日本，全国平均的糙米出白率已逐渐降低至73%。

我国有的黄酒酿造厂不太注意米的精白率和大米的验收标准，还大多选用精白度较差的标准二等大米，因而在不同程度上影响了黄酒的质量。有的工厂将标准二等大米再经适当精白以后投入生产，对提高酒的质量则是有效果的。粳米和籼米较糯米不易蒸煮和糊化，更应提高精白度。但由于糙米籽粒的形态特征，精白度提高，则碎米大量产生，降低糙米出白率，价格级差大，因此，粳米和籼米的精白度以选用标准一等为宜，糯米则标准一等、特等二级都可以。

大米加工精白的副产品——米糠，大多先用于榨取米糠油，糠饼可先提取植酸钙，然后酿制白酒或作饲料。米糠油可提取糠蜡、谷维素、谷固醇、卅烷醇等。

标准二等大米再上机精碾的副产品,称为三机糠。其所含胚乳(淀粉)较多,脂肪则相应减少。

精米机一般采用 3 号碾米机或金刚砂碾米机(见图 3-26)。

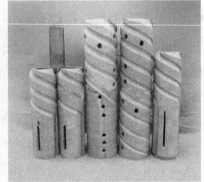

图 3-26 金刚砂碾米机

第八节 水质的改良和处理设备

酿造用水首先应符合生活饮用水卫生标准,其中某些项目(如硬度等)还应符合酿造用水的要求。当水中杂质超过规定标准时,应选择经济有效、简单方便的方法,加以适当的改良和处理。

地表水常含有黏土、砂、水草、腐殖质、盐类、细菌和病毒等。地下水常含有很多种矿物盐。各种水源中的杂质种类和含量各不相同,其净化的方法取决于水源中杂质存在的状态。水中杂质存在的状态分为溶解状态、胶体状态、悬浮状态三种类型。

溶解于水中的盐类以离子与分子状态存在,颗粒直径一般为 0.0001 ～ 0.001μm,不会引起光线的折射,所以,水呈透明状。这些杂质常用离子交换法软化处理或用电渗析法、反渗透法除盐处理后除去。有机腐殖质、细菌、病毒、黏土、部分重金属氧化物的颗粒直径分别为 0.001 ～ 1μm,以胶体状态存在。因颗粒能引起光线折射,故含有胶体颗粒的水呈混浊状。由于胶体颗粒在水中做不规则运动（布朗运动），以及胶体颗粒表面带有相同电荷的静电斥力作用，从而阻止了颗粒互相接近与黏合，在水中处于高度稳定状态而不能靠自重下沉，故需采用混凝、沉淀、过滤等方法来除去。泥土、砂粒、浮游生物等的颗粒直径一般不大于 $1\mu m$，以悬浮状态存在，也由于光线折射作用使水呈混浊状。这些杂质一般可用砂滤除去，颗粒直径大于 $10\mu m$ 的可用自然沉淀法除去。

一、自然沉淀法

采用沉砂池进行自然沉淀，经过沉淀澄清，可除去以泥砂为主的大颗粒杂质，但不能除去水中胶体状态的微小颗粒。

二、砂滤法

砂滤法是经济有效的净化水质中悬浮杂质的方法。一般方法为自下而上顺次铺设竹箅、小石、细砂、棕片、木炭、粗砂小石，也可仅用砾石、黄沙、白煤颗粒，自上而下出水，其流量为 $6\sim10m^3/(m^2\cdot h)$；还可采用石英砂、碎石子等组成的砂滤层水处理柱。

这些方法使用一段时间后，都需反冲或漂洗一次。本法不能除去水中盐类，但可作为其他水处理除盐法的预处理，先除去大颗粒杂质。

三、混凝法

混凝法是水厂处理地表水中含有的悬浮物和胶体物，生产自来水的常规方法。处理可分三段进行。

1. 混凝处理

在水中投加混凝剂（在特殊条件下尚需投加助凝剂），混凝剂发生水解，促使水中全部悬浮物与胶体颗粒产生凝聚，使凝聚后的颗粒能够迅速下沉。水中投加混凝剂后产生凝聚作用包括两个过程。

（1）脱稳。混凝剂水解后产生正电荷胶体，它与水中带有负电荷的胶体颗粒产生电性中和作用，促使微细胶体颗粒失去稳定性而黏结在一起。

（2）絮凝。脱稳后的胶体颗粒间互相吸附，同时与水中原有的较大悬浮颗粒产生黏结作用，生成较大的絮凝体（通常叫矾花）。净水工艺中，最常用的混凝剂，一类是铝盐，如硫酸铝、明矾、聚合氯化铝等；另一类是铁盐，如三氯化铁、硫酸亚铁等。酿造用水净化时应选择铝盐。

2. 反应、沉淀与澄清

水中投加混凝剂后，需继续反应，利用反应设备内水流的搅动，促使细小絮凝体之间相互碰撞凝结成颗粒大、质量重而结实的矾花。重力作用使矾花逐渐沉淀下来，再利用悬浮泥渣层创造的接触絮凝条件，增加原水中颗粒与矾花碰撞、吸附、相互结合的机会，从而提高凝聚澄清的效果。

3. 过滤、出水

原水经混凝、沉淀、澄清后，大部分杂质颗粒和细菌、病毒已被除去，但还未能达到生活饮用水的要求，故一般还用石英砂作过滤材料，利用类似筛子的机械过滤作用，以及水中悬浮物与滤料表面或与已附在滤料表面上的絮凝体再接触时被吸附住的作用进行过滤，出来的水可作为酿造用水。上述处理后水的总硬度不变，仅是与混凝剂投加量相应量的碳酸盐硬度（暂时硬度）转变为非碳酸盐硬度（永久硬度）。

四、离子交换法软化处理

离子交换法软化处理硬水的简单原理，是用一种离子交换剂和水中溶解的某些阴、阳离子发生交换反应，借以除去水中的有害离子。离子交换剂经过再生，仍可反复使用。离子交换剂大致分为：

（1）无机离子交换剂——天然或人造泡沸石。

（2）碳质离子交换剂——磺化煤等。

（3）有机合成离子交换剂——离子交换树脂。

离子交换树脂包括阳离子交换树脂和阴离子交换树脂。阳离子交换树脂分为强酸型（$R—SO_3M$）和弱酸型（$R—COOH$）；阴离子交换树脂分为强碱型 I 型 $[—N—（CH_3）_3X]$、强碱型 II 型、弱碱型和中碱型。

沸石和磺化煤是钠离子交换剂，是用钠离子取代水中钙、镁离子，一般仅用于水质软化处理，如锅炉水、冷却水、洗瓶水等的软化。因它们的交换能力小，在机械强度下，化学稳定性差，再生剂（氯化钠）耗量大等，故不适宜用来处理酿造用水。对于酿造用水，都选择交换容量大的树脂。在同性树脂中，强酸强碱型适于去除多数离子，而弱酸弱碱型仅适于去除水中钙、镁等离子，故交换容量更大。酿造用水经常采用强酸型阳离子交换树脂和弱碱型阴离子交换树脂；当水中含硅酸盐等较多时，也可联用强酸型离子交换树脂和强碱型离子交换树脂。新购离子交换树脂含有未聚合单体及有机溶剂，往往有"鱼腥味"，使用前，应以食盐水及大量酸碱液反复处理，并水洗至无异味后方可使用。离子交换树脂不用时应浸泡在水中，以免树脂干裂破碎。离子交换法能得到无有害离子、无杂质、无色无臭的优良水质，但原水应做相应的预处理，去除泥砂和悬浮物，避免影响离子交换效果，防止出现再生频繁、树脂迅速老化、出水量减少、水质恶化等现象。如果水源受海水倒灌的干扰，导致含盐量过高时，宜在进入离子交换器前，选电渗析或反渗透设备除盐，则可大大节省酸、碱用量与劳力，并改善水质。离子交换法处理水的优点是方法可靠，水质高，可选择不同的设备满足不同的工艺要求，出水量大，成本低；缺点是间断出水，再生频繁，再生用酸、碱量大，再生液排放有污染，管理较复杂。

五、电渗析法除盐处理

一般来说，原水含盐量小于或等于 500mg/L 时，采用化学除盐法进行水处理，制水成本是最低的。但是随着含盐量的增加，原水的预处理费用、化学药剂和维修费用均高，就不太经济了。当原水含盐量大于 1000mg/L 时，联合使用电渗析法或反渗透法就比较经济。电渗析法是 20 世纪 50 年代发展起来的隔膜分离技术。其基本原理是：水中溶解的盐类大多以离子状态存在，将含盐水导入有选择性的阴、阳离子交换膜，在外加直流电场作用下，利用阴、阳离子交换膜对水中离子的选择透过性特点，从而使这部分水达到除盐目的。电渗析器主要由离子交换膜、隔板、电极、极框、压紧装置等部件组成。电渗析除盐效果较好，属淡水除盐类型，出水含盐量要求在 100 ～ 200mg/L，耗电量平均在 0.6 ～ 0.9kW・h/m³。导入电渗析器处理的原水如悬浮杂质多，会造成隔板中沉结，增加阻力，降低流量；有机物会造成膜污染；含铁多会造成膜中毒；水温过高则会使隔板、隔膜老化。因此，用于电渗析处理的原水应透明、含悬浮杂质少、有机物少、水温在 40℃以下，如水质混浊应进行适当的预处理。

在水质透明，但含盐量过高（500 ～ 1000mg/L）、总硬度过高（10 ～ 22.5 度）、水中有机杂质少、无毒物污染时，采用电渗析法除盐是适宜的。电渗析法的除盐率一般在 70% ～ 80%。上述水经过一次除盐后，含盐量可降低为 10 ～ 50mg/L，总硬度为 0.2 ～ 1.0 度。

电渗析法和离子交换法的比较见表 3-9。

表3-9　电渗析法和离子交换法比较

项目	离子交换法	电渗析法
连续运行时间	每天需再生	可连续运行1～2个月
酸碱耗量	大	小
耗电量	小	大
生产费用（不计工费）	大	小
交换膜和树脂使用寿命	短	长
设备投资	低	高
操作管理	较烦琐	简单
出水质量	好（能制备纯水）	较差（一般性除盐）
对非离子态杂质去除	依靠吸附能部分去除	不能

六、反渗透法除盐处理

反渗透法对水中的各种离子和化合物的脱除能力较大，它的总除盐率可达90%。其基本原理是：水在外界高压下，克服水溶液本身的渗透压力，水分子通过半渗透膜，从而除去水中盐类。故在反渗透处理水操作中，应合理选择高压泵泵压，压力不够是无法进行反渗透操作的；但压力过大，则易损坏反渗透膜。

反渗透膜孔隙极小，所得水质能达到无菌、无病毒、无有机杂质、无污染，能直接饮用，符合卫生要求。但要求原水必须先经过适当的预处理，经砂滤除去大颗粒杂质，以免堵塞反渗透膜孔眼，影响其生产能力，降低其使用寿命。在超纯水制造中，反渗透结合离子交换、砂滤等法，能得到合格的水。反渗透除盐装置目前主要有板式、管式、螺旋卷式及中空纤维式四种类型。反渗透法工艺比电渗析法简单，运转管理方便，并可以实现高度自动化操作。反渗透法适宜对含盐量较高的苦咸水和海水的淡化处理。

总之，对于酿造用水，首先应特别强调选取自然水质优良的水源。各种改良和处理的方法，只是在不得已的情况下，由于水源中某些项目未能符合酿造用水的要求，才选择的最合理又最经济有效的矫正水质的方法。

第四章

浸米蒸饭设备

第一节 浸米设备

一、洗米

在大米中还附着一定数量的糠秕、米粞、尘土及其他夹杂物。为了提高品质及回收糠秕、米粞，避免它们因浸渍而流失，可通过筛米机筛分回收。也有少数厂采用洗米机洗米，洗到淋出的水无白浊为度，但糠秕、米粞也随之流失到米泔水中。目前国内有的是洗米和浸米同时进行，有的取消洗米而直接浸米。日本制造清酒是先洗米，然后浸米。洗米可用自动洗米机或回转圆筒网式洗米机，有的厂还使用特殊泵（如固体泵），兼有洗米和输送米的作用。

淋水洗米装置有以下特点。

（1）材质为不锈钢。

（2）上装 3～4 根平行自来水管，打眼，可放水冲淋。

（3）洗米床可采用振荡结构，长 3m，宽 0.4m，床板打筛眼以沥水。

（4）洗米床微倾斜，以利落米至蒸饭机。

（5）床下砌瓷砖槽，承受米浆水，集至米浆水储罐。

二、浸米

浸米是为蒸饭服务的，目的是清除大米表面的糠秕与杂质，使米吸收水分，便于蒸米。浸米时间与米质、气候有关，直接影响蒸煮糊化的质量。用传统的摊饭法酿酒浸米时间长达 20 多天，目的不仅是使米吸水膨胀，而且需要含乳酸的浆水，用于配料调节醪液酸度，保障高档黄酒发酵的安全进行。南宋朱肱著的《北山酒经》中曾提到浆水的重要性："造酒最在浆，浆不酸即不可酿酒。""如浆酸，亦须约分数以水解之。"可见宋朝酿酒就用浆水，并且很注意浆水的酸度。如果太酸，需适当加水冲淡，达到调节发酵醪酸度、保护酵母、抑制杂菌的目的。近代酒精工业采用乳酸或硫酸调节酒母醪酸度，这种以酸制酸的技术，其实在 1000 年前的宋朝就已出现，当时人们就已经掌握了酵母菌生长繁殖与环境条件的关系和规律。采用"三浆四水"工艺，还直接关系到酒的风味质量。

浸米设备：传统黄酒生产大多采用陶缸浸米，酿造绍兴酒用的陶缸可浸米 300kg 左右。不过，目前大多数厂家已改用浸米池或浸米罐。机械化黄酒生产一般采用敞口、圆柱锥底浸米罐浸米，并采取恒温浸渍。浸米罐大多设置在车间最高层，通过真空负压输送将米送至中间储罐，再将米放到每一只浸米罐中。也有企业将浸米罐设置在车间底层，则需通过斗式运输机将浸渍后的大米送至蒸饭机。

三、浸米设备和操作

传统工艺大多用缸浸米，绍兴瓦缸每缸可浸米 288kg。浸米的缸洗净后用石灰水消毒，然后在缸内盛放清水，倾入筛过洁净的大米，水以满过米层 6cm 为度。淋饭酒一般浸 2～3 天，浸渍后的大米用竹箩盛起，再以少量清水，淋去米浆，待淋干后再进行蒸饭。摊饭酒浸米期长达 16～20 天，故浸渍数天后，水面常生长着一层乳白色的菌醭，且有小气泡不断地冒出液面，使水面形成一朵朵小菊花般的皮膜酵母菌落，取米前，可先用竹丝撩斗捞除或用水冲出缸外，浸米至手捏米粒能成粉状，常压蒸汽透过就能蒸熟为适度。

传统法的浸米设备大多用缸或坛。但目前不少厂已改用浸米池、浸米罐。白米的浸入和浸好的湿米取出也已采用机械或水力输送，这样既可减少场地和降低劳动强度，又可提高劳动生产率。

新工艺黄酒生产，大多在厂房最高层设置浸米罐，用真空负压提升大米，输送入浸米罐，并采用保温浸米。有的厂兑入带有乳酸菌的部分老浆水作为自然培养的引种，使所浸的米粒含有乳酸，然后蒸饭。也有的厂由于厂房的基建条件差，浸米罐放在底层，这样就需将浸渍后的大米用斗式运输机输送至蒸饭机。

1. 浸米罐

浸米罐（见图 4-1）一般采用敞口式矮胖形的圆筒锥底不锈钢或碳钢大罐，设有溢流口、筛网、排水口及排米口等部分。若用碳钢，则需在内层涂上环氧树脂或 T-541。采用不锈钢材质虽然一次性投资大，但节省了维护费用，而且安全卫生。

图 4-1　浸米罐

　　浸米罐浸米时，先在浸米罐中放好水，然后由气流输送设备将大米送入浸米罐中。在气流的作用下，米、水、气泡在罐内不断地翻转循环，最终使米粒均匀分布于罐内。罐的锥底装设沥水用的筛网，以便排水时阻止米粒的排出。锥底底部设有放料口，打开排料阀，浸渍大米就自行滑下，落入带式运输机，送往蒸饭机。浸米罐上部侧面设有溢流口，以供大米漂洗、除杂、排水之用。

　　浸米罐的主要技术参数：

　　（1）材质为 304 不锈钢板，6mm 厚。

　　（2）数量为 36 只，每只浸米 24t，浸米时间 48h。

　　（3）容积为 50m³，直径 5000mm，高 2000mm，锥底高 1500mm。

　　（4）给水管内径为 150mm。

　　（5）排米管阀门采用 Q41SA-16-65。

　　（6）装置加热蒸汽管，以调节水温。

　　（7）装置罐口溢流管，使表层糠秕废水流入下水道，以利卫生。

　　（8）浸米罐外应有保温层，浸米间应能密闭保温。

　　（9）排米口应装自来水管，放米时先将米层用自来水冲松，以免堵塞。

　　2. 工艺流程

大米→带式运输机→斗式运输机→自平衡振动带→斗式运输机→

↓加水

括板式运输机→筒仓→米水混合罐（水环真空泵）→输米管道→

浸米罐（浸渍）

　　输送和浸米自动控制系统流程见图 4-2。

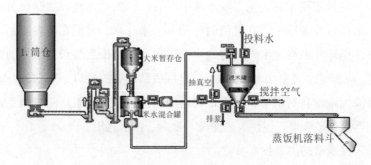

图 4-2　输送和浸米自动控制系统流程

3. 浸米操作方法

（1）筒仓操作

①设备操作应先启动括板式运输机、斗式运输机 2，再启动振动筛、斗式运输机 1，然后启动各控制阀门、除尘风机，最后开启带式运输机，检查机器设备能否正常运行后，开始往筒仓送米。

②正常运行时控制好运输机流量，保持输送平稳。

③停车时，先停止进料，再继续运行 1 ～ 3min，将设备内的存料排空，才可关机。

（2）浸米（大罐）操作

①设备操作应先启动通往储米罐的斗式运输机、括板式运输机，检查机器设备能否正常运行后，再开筒仓底下出米阀开始送米、浸米。

②在投料时若发现不合格米，应立即拣出，保证投料质量，无杂物、霉烂米混入。

③停车时，先停止进料，再继续运行 1 ～ 3min，将设备内的存料排空，才可关机。

④控制好运输机流量，保持输送平稳，每罐投料数量正确。

⑤保证浸米透彻、疏松。

⑥车间主任根据气温、水温、米质的不同，合理调整浸米时间，

操作工控制好浸米水温和室温。

⑦浸米完毕，拣平米面，使米不露出，并捞出悬浮杂质。

⑧一般浸渍 3 天后，米中淀粉已充分吸水膨胀，达到工艺要求，就可放浆沥干，沥浆时间一般应在 12h 以上。

四、浸米中控操作

1. 浸米罐进米

（1）工艺流程

浸米罐进米作业流程见图 4-3。

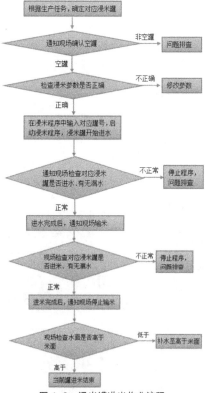

图 4-3　浸米罐进米作业流程

（2）操作方法

①根据生产任务，确定对应浸米罐，通知现场确认空罐。

②检查浸米参数是否正确，在浸米程序中输入对应罐号，启动浸米程序，浸米罐开始进水。

③通知现场检查对应浸米罐是否进水、有无漏水。

④进水完成后，通知现场输米，并检查对应浸米罐是否进米、有无漏水。

⑤进米完成后，通知现场停止输米，检查水面是否高于米面，如果低于米面，则补水至高于米面。

⑥进米结束。

2.浸米罐出米

（1）工艺流程

浸米罐出米作业流程见图4-4。

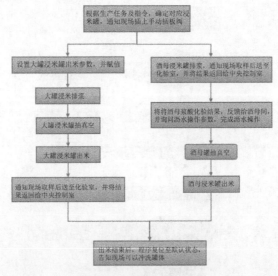

图4-4　浸米罐出米作业流程

（2）操作方法

①根据生产任务及指令，确定对应浸米罐，通知现场插上手动插板阀。

②设置大罐浸米罐出米参数，并赋值。

③浸米程序进入出料步骤时，通知现场取样后送至化验室，并将结果返回给中央控制室。

④出米结束后，程序复位至默认状态，告知现场可以冲洗罐体。

3. 酒母浸米罐出米

其操作方法为：

①根据生产任务及指令，确定对应浸米罐，通知现场插上手动插板阀。

②在蒸酒母饭前，完成排浆、沥水、抽真空作业，保证生产进度。

③酒母浸米罐排浆时，通知现场取样后送至化验室，并将结果返回给中央控制室。

④将酒母浆酸度化验结果，反馈给酒母间，并询问沥水操作参数。

⑤出米结束后，程序复位至默认状态，告知现场可以冲洗罐体。

第二节　蒸饭设备

蒸饭是黄酒生产的主要操作工序之一。蒸饭质量的优劣，不仅关系到发酵效率和酒的质量，而且是影响出酒率的重要因素。

一、蒸饭的定义

蒸和煮是两个意义不同的字，但人们习惯于将蒸和煮连在一起讲，在黄酒酿造工艺上，蒸煮二字，南方酒厂把它理解为蒸，北方酒厂把它理解为煮。事实上，南方以大米为原料的是只蒸不煮；北方以黍米为原料的又反过来，只煮不蒸。因此，以大米为原料酿造黄酒的"蒸煮"说得确切一些应该是"蒸饭"。但"约定俗成"，蒸煮这个名词既然已经用得很久了，也并非一定要辨明字义纠正过来。但是应该了解蒸和煮的词义是有明显不同的：蒸是靠水蒸气作为传热的载体将淀粉糊化的；煮是靠水作为传热的载体将淀粉糊化。我们知道淀粉糊化的先决条件是要有足够的水分，如果采取蒸的办法，被蒸的原料就必须含有充足的水分，否则就会发生因加热过程中水分不足而引起糊化不完全的毛病；如果采取煮的办法，对水分就没有这样严格的要求，原料的水分随时可以从加热过程中取得。所以，蒸饭操作对浸米要求比较高也正是这个道理。

二、蒸饭的目的

大米中的淀粉，是以淀粉颗粒的状态存在的。淀粉颗粒的相对密度约为 1.6，在冷水中不溶，加热时逐渐膨胀，称为淀粉的膨化。这主要是由于热能作用而使水及淀粉分子运动加剧。此时纤维素也膨化，细胞间的物质和细胞内的物质部分溶解，使植物组织的坚固性减弱。当米粒外部三维网构成能不及运动能大时，三维网组织一部分被溶解而生成间隙，水分渗入淀粉颗粒内而使淀粉分子结合力下降，以致全部三维网组织完全破坏，使直链淀粉和部分分支短的支链淀粉自由地溶于水溶液中。不断增加温度与延长时间，则三维网组织将受到更大的破坏，分支大的支链淀粉吸水更多，呈海绵状，逐渐被破坏，进入水中，并进一步形成单分子而呈溶解状态。淀粉只有在溶解的状态下，才能有效地被淀粉酶作用，生成糖和糊精。这种溶解过程，称为糊化。糊化的淀粉与酶作用快，而生淀粉与酶的作用则极其缓慢。

蒸饭的作用，首先就是通过加热膨化，使植物组织和细胞破裂，水分渗入淀粉颗粒内部。淀粉经糊化后，三维网组织张开，削弱淀粉分子之间的组合程度，并进一步形成单个分子而呈溶解状态，使它易受淀粉酶的作用，迅速进行加水分解，把淀粉水解成可发酵性糖。黄酒酿造要经过淀粉的糊化、糖化、发酵过程（生淀粉糖化发酵目前仅在白酒、酒精行业试用较多，在黄酒生产中较少使用），而蒸饭正是为了使大米的淀粉受热吸水糊化，使米的乳胚淀粉结晶构造破坏而 α（β）化，以有利于糖化、发酵的正常进行。其次，由于原料表面附着大量的微生物，如果不将这些微生物杀死，会引起发酵过程的严重污染，使发酵醪酸败，所以，蒸饭的第二个作用是灭菌，以保证发酵的正常进行。由此可见，蒸饭是对酒的质量和产量影响颇大的一个重要工序。

三、蒸饭的时间和米饭的质量要求

大米经过蒸煮，原料内部的淀粉膜破裂，内容物流出，变成可溶性淀粉，这一过程叫作糊化。整个蒸饭糊化过程，可分两步进行：第一步是淀粉颗粒吸收水分而膨胀；第二步是当加热到一定温度时，细胞破裂，内容物流出而糊化。蒸饭压力、温度、时间对糊化率的影响很大，但黄酒酿造对大米蒸饭和糊化的要求不同于酒精生产。

由于黄酒酿造是糖化、发酵同步进行，要求发酵醪液的黏稠度低，以利酵母活动，促进酵母增殖和发酵，同时也有利于榨酒。因此，采用整粒大米发酵，较易达到上述要求。所以，不论传统操作的淋饭、摊饭、喂饭法，还是新工艺大罐发酵，都是整粒大米蒸饭后直接投入醪液中糖化和发酵。淋饭酒母、喂饭酒等许多品种，还需要经过拌药搭窝的微生物培养繁殖过程。为了拌药搭窝做酒母，要求饭粒蒸熟、蒸透、无白心，使菌类繁殖有充分的氧气供应。太糊太烂不但不利于拌药繁殖根霉，也不利于发酵的正常进行。

黄酒酿造蒸饭时间的长短因米质、浸米时间、蒸汽压力和蒸饭设备等不同而异。一般对糯米和精白度高的软质粳米，常压蒸饭15～20min就可以了。对糊化温度较高的硬质粳米和籼米，要在蒸饭中途追加热水，促使饭粒再次膨胀，同时适当延长蒸饭时间（使用立式或卧式蒸饭机应放慢车速，以延长蒸饭时间），使米饭蒸熟软化，达到较好的蒸饭效果。

对蒸饭的质量要求有：饭粒疏松不糊，透而不烂，没有团块。成熟度均匀一致，蒸饭没有死角，没有生米。饭熟透，饭粒外硬内软，吸足水分，内无白心。

如果饭蒸得不熟，饭粒里面就有白心或硬粒。这些白心就是生淀粉，这部分半生半熟的淀粉颗粒最易导致糖化不完全，还会引起不正常的发酵，使成品酒的酒度降低或酸度增加，不仅浪费粮食，而且影响酒的质量。解决白心的办法为：对于糯米，要在浸米时多吸收水分，如果米没浸透，则可在蒸饭时在饭面上喷淋适量温水以补充水分，如果米已浸透或米质过黏，就不必再浇水；对于粳米和籼米，则必须采用"双淋、双蒸"的蒸饭操作法。

如果在蒸饭时，出现蒸饭死角，会使一部分饭粒有白心，甚至会有较多的整粒生米混入。因为蒸饭是蒸汽透过米层而把饭粒蒸熟，令淀粉糊化的，只有当蒸汽均匀地通过米层，才能使整个蒸饭桶里的米粒受热一致，达到成熟度均匀一致的目的。因此，在用传统的蒸桶蒸饭时，必须随时注意和调整蒸汽的压力、流量，以及上汽情况，随时用小竹帚耙动蒸桶面上的米粒，盖住先透气的部分，浅耙慢透气部分，直到全面透气，饭粒才能均匀一致。

米饭蒸得过于糊烂也不好。米饭糊烂、黏结成饭团以后，成为烫饭块，即使经过水喷淋，也不易冷却，既不利于发酵微生物的发育和生长，又不利于糖化和发酵。同时这些发糊的饭块，有一部分在发酵后期成为僵硬的老化回生饭块。这些回生老化的饭块，即使再经过一次蒸饭，仍旧不容易蒸透，不易糖化，日后榨酒时，会造成堵泵，堵塞管路或滤布，不仅增加榨酒困难，而且会降低酒的质量和出酒率。所以，对蒸饭的质量，要求达到饭粒疏松，不糊不烂。

用粳米或籼米酿制黄酒，因其含有大量的直链淀粉（尤其是籼米的直链淀粉更多，糯米则几乎全部是支链淀粉），直链淀粉在蒸饭过程中糊化效果较差，所以，籼米黏性小于粳米，糯米黏性最大。由于粳米和籼米在浸米时的吸水率都较低，故在蒸饭时都易发生米粒吸收水分不足、饭粒膨胀不足、糊化不完全、白心生粒多等毛病。唯一的解决办法是采用"双淋、双蒸"的蒸饭操作法，就是在采用蒸桶蒸饭时，在蒸饭上汽后，在饭面上浇淋一次热水后再蒸，待全面均匀透气后，将饭倒入打饭缸再浇淋一次热水后翻拌均匀，保温闷缸，使饭粒充分吸收水分；然后装入蒸桶，开始第二次再蒸饭。经过上述两次浇淋热水，两次蒸饭以后，饭粒已充分吸水膨胀，糊化质量较好。这就是"双淋、双蒸"名称的由来。

米饭蒸饭是黄酒生产中的重要环节，米饭蒸饭质量的好坏，不仅影响糖化和发酵，而且直接关系到酒的质量。传统工艺生产的黄酒，一直沿用蒸桶蒸饭，劳动强度大，生产效率低。随着黄酒生产工艺的发展，机械化程度不断提高，从1966年开始已逐步使用卧式连续蒸饭机或立式连续蒸饭机，但仍有很多厂还在继续使用蒸桶蒸饭。例如，以糯米为原料的淋饭酒母的蒸饭是浸米经沥干后，装入木制蒸桶中用蒸汽蒸饭。经过浸渍吸水后的淀粉颗粒，由于蒸汽的加热而开始膨化，并随温度的逐渐上升，淀粉颗粒各类大分子间的联系解体，而使全部淀粉颗粒糊化。待蒸汽全部透出饭面，再用浇花壶浇水，增加饭粒的含水率，使它充分糊化，稍加闷盖，就能熟透，达到饭粒外部不糊烂、内部无白心的要求。淋饭酒母的糯米蒸饭所需的时间见表4-1。

表4-1 淋饭酒母的糯米蒸饭时间

项目	时间 /min
上蒸桶至透气时间	26～27
闷盖时间	5～6

又如,以糯米为原料的摊饭法蒸饭操作,是将经过浸渍、抽去浆水沥干备用的糯米盛入竹箩,称重调整后装入蒸桶内蒸饭。当蒸汽从饭面大量冒出时,用浇花壶盛温水浇入约8%的温水,均匀地浇淋在饭面上。由于摊饭法浸米时间长,米质比较松软,比用淋饭法,米更加容易蒸透,因此,稍行闷盖,便能熟透。但如米质过黏,则不易浇水。蒸饭与摊饭过程的米、饭各项参数测定结果见表4-2。

表4-2 蒸饭与摊饭过程的米、饭各项参数测定结果

项目	例1	例2
浸渍前米重 /kg	144.0	144.0
浸渍后米重 /kg	198.0	201.0
蒸汽透面所需时间 /min	11.5	12.0
浇水量 /kg	11.0	11.0
蒸饭时间 /min	23.5	20
摊冷时间 /min	35	30
摊冷后饭重 /kg	218.50	222.25
蒸饭后饭含水率 /%	49.42	50.54
气温 /℃	11.0	8.0
摊冷后饭温 /℃	60.0	65.0
下缸后品温 /℃	24.5	25.0

蒸饭质量的判定标准即"外硬内软,内无白心,疏松不糊,透而不烂,均匀一致"。简易的理化测定是,将饭粒用双面刀片剖开,观察心子,并做碘反应试验,判定糊化质量。

据文献介绍,可用X射线泝射及测定米饭的被糖化性或蛋白质的分解程度等方法测定米饭糊化质量。但这些方法在生产上使用还

有困难，迄今还未能制定切实可行的标准方法。一般为了方便起见，生产上仍沿用感官鉴定法（用眼看、口尝和手捏）和计算出饭率的方法。用传统木蒸桶蒸饭的出饭率可用下式计算：

$$出饭率 = \frac{蒸后米饭的质量}{白米的质量} \times 100\%$$

出饭率的大小，因米的质量、浸米的长短、蒸饭中途浇淋温水的数量和冷却方法的不同而存在差异。但在同等条件下的试验数据对比，有助于控制和调整生产工艺，还是具有一定的参考意义的。

四、蒸饭设备

过去多少年来，一直沿用蒸桶间歇式蒸饭。蒸桶大多是上口直径比下口略大的木制、水泥制或薄铁皮制的圆筒型容器，近下口处铺设筛板（箅子）。把浸过的白米放入圆桶内筛板上，蒸汽从下部的桶底进入，穿过米层进行蒸饭。每一次白米的加入和米饭的取出，都用手工操作，劳动强度大，并且蒸桶的容积很小，所以，生产效率低，蒸饭的质量受各种因素的干扰，不稳定。为了降低劳动强度和提高生产效率，随着黄酒生产工艺的发展和提高，各个工序的单元机械设备不断改进和完善。1966年，轻工业部食品与发酵科学研究所在无锡酒厂试点，推广使用卧式（或称横式或网带式）连续蒸饭机。

1. 卧式连续蒸饭机

其主要部件为不锈钢网带（或尼龙网带）及汽室。蒸饭机总长8～10m，由两端的鼓轮带动不锈钢网带回转。在上层网带上堆积一层20～40cm高的米层，米层高度通过下料口的调节板控制。网带下方隔成6个蒸汽室，室内装有蒸汽管，蒸汽通过米层后，由上方的排汽筒排放。在蒸饭机尾部设有冷却热饭的鼓风机或冷水喷淋装置。在蒸饭机出料端的鼓轮下方，设有刷子，用于清理卸料后不锈钢网带的网孔。出料口配有投料水、酒母、麦曲等配料装置及用于输送物料的螺杆泵。卧式连续蒸饭机的结构如图 4-5 所示。

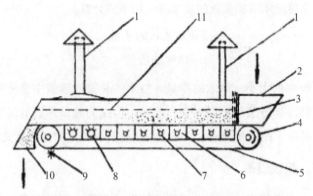

1- 排气筒；2- 进料口；3- 米层高度调节板；4- 鼓轮；5- 不锈钢网带；
6- 蒸汽室；7- 蒸汽管；8- 冷风管；9- 刷子；10- 出料口；11- 米层。

图 4-5　卧式连续蒸饭机结构

　　其运行过程是：由鼓轮 4 带动不锈钢网带 5 运动，在带的下部隔成几个蒸汽室 6，蒸汽室内装有直接蒸汽管 7，在蒸饭机的尾部附有冷却装置。用鼓风机风冷或用喷水淋冷都是为了能使米饭冷却，控制的熟饭品温，以便输送入前发酵罐发酵。卧式蒸饭机的操作是将浸渍好的白米，经水冲洗、淋干后（也有采用只沥干浸米水，不用清水冲洗的带浆蒸饭工艺），从进料口 2 的一端进入蒸饭机，通过米层高度的调节板 3，控制米层的厚度为 20 ～ 40cm，大多为 30cm 左右，由不锈钢网带缓慢向前方移引，各蒸汽室输出的蒸汽将网带上的白米蒸熟成米饭，网带移引的时间为 25 ～ 33min，大多约为 30min。熟饭在尾部经过风冷或水冷后，经出料口 10 排出，再依次加麦曲、酒母，输送入前发酵罐发酵。为了达到米饭的膨化要求和控制米饭的软硬程度，一般在蒸饭机的近中部处设有喷淋热水和搅拌装置，以便在蒸饭途中追加热水喷淋，并进行搅拌翻动，促使饭粒再次膨胀。蒸饭机前部米层上的余热废汽经排汽筒 1 排空，放至室外。风冷管送入的空气和蒸饭机尾部的余热废汽经尾部的排气筒排空，也放至室外。卧式连续蒸饭机的总长度达 8 ~ 10m，其不锈钢网带加工制作较为困难。浙江台州地区某些企业为提高早籼米蒸饭质量，增加网带上蒸汽的有效孔率，改善网带非孔眼部位积液引起的底层烂饭，以尼龙网带代替不锈钢网带，虽使用期较短，但替换方便。全封闭自动化蒸饭机见图 4-6。

图 4-6　全封闭自动化蒸饭机

2. 立式连续蒸饭机

为了解决卧式连续蒸饭机存在的结构复杂、造价较贵、蒸汽和电能消耗较大、机件和不锈钢带容易损坏、操作较麻烦等缺点，在 1978 年，无锡轻工业学院参照日本资料，帮助上海试制了一台大米容量约 450kg 的单汽室立式连续蒸饭机（设备的构造如图 4-7 所示），从此开创了采用立式连续蒸饭机的新途径。

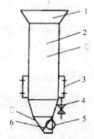

I– 筒体（包括圆柱和圆锥部分）；II– 出饭口；1– 料斗；2– 温度计位置；
3– 夹层（蒸汽加热）；4– 放冷凝水；5– 手轮；6– 出料控制门。

图 4–7　单汽室立式连续蒸饭机结构

单汽室立式连续蒸饭机对糯米的效果很好。实践证明，它比卧式连续蒸饭机有更多的优点，如结构简单、制作容易、造价低、能源消耗低及操作简便等。但单汽室立式连续蒸饭机对粳米和籼米的效果则很差，这是由于它缺乏追加热水、促进第二次膨化的条件，而且总高度只有 1800mm，由上而下的流程很短，因而总的加热蒸饭时间不足，蒸饭后饭粒生硬，米饭的质量不符合黄酒生产的工艺要求。

1979 年以后，上海和浙江在原型的基础上，相继设计了两种双汽室立式连续蒸饭机。一种是总高度达 2750 ～ 3800mm，米容量达 1t 的双汽室立式连续蒸饭机，其构造如图 4-8 所示。另一种是串连两台高度仅 2000mm 的双汽室立式连续蒸饭机。在这两台立式蒸饭机的连接处，有的用绞龙输送连接，中间喷加热水，有的用泡饭桶或泡饭车连接，将第一台输出的熟饭用热水迅速浸泡后，立即排放出热水，输送入第二台

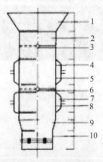

1– 接米口；2– 筒体；3、6– 菱形预热器；4– 汽室；
5、8– 汽眼；7– 下汽室；9– 锥形出口；10– 出料口。

图 4-8　双汽室立式连续蒸饭机结构

立式蒸饭机复蒸，达到追加热水促进饭粒第二次膨化的目的。图4-9是立式连续蒸饭机的实物图。

图4-9　立式连续蒸饭机

　　上述设计改进后的第一种加长的双汽室连续蒸饭机，在表面形式上虽未能直接看到追加热水的装置，但实质上由于大多数酿造黄酒的工厂，蒸汽的带水量大，在蒸饭的同时，向饭粒输送进去了水分，实际上也起了第二次膨化的作用。

　　双汽室立式连续蒸饭机的蒸饭过程，大体可分成三个阶段。

　　第一阶段：米从料斗到筒体上部插温度计处，使筒体中部蒸饭的蒸汽向上排放，起余热利用的作用，所以，属于预热阶段。

　　第二阶段：大米进入测温口以下，开始受蒸汽加热，直至下汽室最底下一排汽眼为止，是蒸饭的主要加热过程，称为蒸饭阶段。

　　第三阶段：从下汽室的汽眼以下到锥形出口，是米饭的后熟阶段，这一段为焖饭过程，对促进米饭膨胀和进一步糊化有一定的作用。

　　双汽室立式连续蒸饭机的设备构造（见图4-8）、使用方法及优点如下。

　　（1）设备结构

　　本设备主要利用蒸汽穿透米层蒸熟米饭。它由接米口、筒体、汽室、菱形预热器及锥形出口等部分组成。

①接米口 1：主要是用来储米、接米，与筒体相交成约 48.5° 夹角。

②筒体 2：主要是用来蒸熟米饭。

③菱形预热器 3：为了防止中间米饭不熟，在筒体中间装置两只菱形预热器，一只在上汽室上面 1/3 处，另一只在下汽室之间，菱形下端均匀分布着汽眼。

④汽室 4：在筒体的部分设有上、下两个夹层汽室，每个汽室上有汽眼 469 个，共 7 行，交错布置，下端设有冷凝水排污口。

⑤锥形出口 9：此部位米饭已基本蒸熟，主要是用于储存米饭，起后熟作用。

⑥出料口 10：与冷却部分相接，斜板开口与水平成 45°，利用手动齿轮齿条开启，以控制出饭量的大小。

设备外形尺寸是按每天投料米 20000kg 设计。总高 H=2750mm，各部尺寸如下。

接米口 1（ϕ1300mm）H=300mm

筒体 2（ϕ850mm）H=1700mm

汽室 4（ϕ950mm）H=350mm

上、下汽室间距离 300mm

上汽室与筒口距离 700mm

汽眼左右、上下间距离均为 40mm

汽眼 ϕ2mm

菱形预热器 3200mm × 100mm

锥形出口 9（ϕ850 ～ 600mm）H=350mm

筒体与锥形出口夹角 $\alpha \geq 70°$

设备性能数据如下。

有效容积 1.20m³

蒸饭速度在正常情况下 15min 即可蒸熟

工作压强一般为 0.147 ～ 0.196MPa

蒸米量在正常条件下，糯米约2700kg/h，粳米约3000kg/h

耗能量在0.147～0.196MPa气压下，以每小时蒸饭3000kg粳米计，耗汽量每小时约400m³（理论计算）

材料：该设备可由厚6mm的铝板12m²加工而成，重约200kg；也可由厚3～4mm的不锈钢板加工而成，重约280kg。

配套设备为供米饭冷却用的两台离心鼓风机，用不锈钢带传送，全长5m。

（2）使用操作工艺

进料前，先关闭出料门，放尽汽室冷凝水，然后将浸渍好的大米经冲洗、沥干后，送入接米口，一般加到筒口为止，然后开蒸汽阀，使蒸汽从汽室夹层的汽眼进入筒体，穿透米层。若蒸糯米，只开下面汽室和上面菱形预热器；而蒸粳米，则开上、下汽室及上、下菱形预热器，蒸饭15min左右，待底部出料口冒汽几分钟后，饭已蒸熟，即可开启出料门出饭。同时从接米口继续加米，使筒体内保持一定厚的米层，连续蒸饭，连续出饭。在蒸饭过程中，视米饭的质量和蒸汽的变化情况，及时调节出饭量。正常情况下，保持0.147MPa左右的蒸汽压强，蒸出的米饭质量较好。出饭率约为140%。

在蒸饭操作时尚需特别注意以下几点：

①开机最初出来的米饭若有夹生，可返回料斗重新蒸饭。蒸饭过程中，应密切注意米饭的蒸熟程度和温度、压力的变化，及时调节出料口的大小及蒸汽量。

②立式蒸饭机是依靠米饭自身的质量和筒体周边冷凝水的润滑作用，使米饭顺利地自然落下，从出料口排出。所以，要求筒体内壁光滑，并应磨光打汽眼引起的毛口，防止米饭黏阻汽眼，结焦成锅巴。

③筒体直径不宜过大，如欲增加产量，宁可适当增高筒体，并增大汽室。因为从汽眼中冲出的蒸汽，限于压力和阻力，筒体最中心处米粒受热困难，若筒体直径过大，会有夹生米存在。

④筒体与锥形出口的夹角 α 要大于 70°，才能保证米饭能顺序下落。如果筒体周边的米饭流动不畅，或中间部分的米饭流速过快，就会发生米饭夹生不熟的现象。

⑤菱形预热器极易黏住米饭，结焦成锅巴，阻挡蒸汽，阻碍米饭顺利下落，如筒体直径较小，也可以考虑取消不用。

⑥立式蒸饭机的筒体外部四周应包扎保温的泡沫塑料或石棉等绝热材料，以保证筒体内部周边的米饭蒸熟、蒸透。

⑦蒸饭结束后，应将蒸饭机立即洗刷干净，清除结焦的锅巴或黏住的饭粒，以便于下次蒸饭时蒸汽通畅，并避免间歇生产阶段的杂菌污染。

（3）主要优点

①糯米、粳米均可蒸饭，蒸饭质量稳定，无生米、烂饭，达到了蒸饭熟而不烂、软而不糊、内无白心的要求。

②能源消耗少，蒸汽几乎全部被利用，可以比卧式蒸饭机煤耗节约 20%～30%。

③无传动装置，可节省动力。

④构造简单，材料省，造价低廉。

⑤操作简单，不易损坏，移动方便。

⑥占地面积小，该蒸饭机占地面积 $2m^2$，而一台卧式蒸饭机需占地 $12m^2$。

近阶段，酿造黄酒的设备正在不断开发改进中。除传统的蒸桶以外，新的工艺和新的设备正在不断出现。例如，连续蒸饭机不仅有卧式、立式，而且有卧式加压连续蒸饭机、立卧式结合加压连续蒸饭机、立式加压间歇蒸饭机等；对于原料米，有整粒米蒸饭的，也有浸渍后先磨碎成粉，然后蒸饭的。

上述这些蒸饭的设备各有优缺点，都还存在一些有待改进提高的地方，需要继续不断地探索。

第三节　蒸饭操作

一、蒸饭操作流程

目的：①使大米淀粉受热吸水糊化，有利于糖化菌及淀粉酶的作用和酵母菌的生长繁殖。②同时进行原料灭菌。

要求：外硬内软，内无白心，疏松不糊，透而不烂，均匀一致。

1. 工艺流程

浸好的大米→沥干→平面皮带输送→蒸饭机受料斗→蒸饭机→冷饭机
　　　加曲　酒母　水
　　　　↓　　↓　　↓
　　　　—————————
　　　　　　　↓
→出料口→落料（螺杆泵）→输料管→前发酵罐（酒母罐）

2. 操作方法

（1）蒸饭前需将蒸饭机、螺杆泵、输料管、发酵罐、酒母罐等容器进行冲洗消毒，并检查机械设备能否正常运行。

（2）了解当天的生产情况、产品种类，根据产品种类确定投料水罐与具体物料、发酵罐罐号。

（3）联系中控人员，核实水、电、气的供应是否正常；联系浸米人员，核实湿米是否准备就绪；联系加曲人员，核实生、熟麦曲的输送是否准备就绪；联系加酒母人员，核实酒母的输送是否准备就绪。

（4）在一切准备就绪的情况下，通知中控开蒸汽，预热蒸饭机，后按中控自动控制程序来控制运行。开启洗钢带水与毛刷电机。及时向中控人员报告运行情况。

（5）当饭到蒸饭机落口时，通知中控加麦曲、酒母、投料水，通知中控开启米饭输送泵，把混合料送入前发酵罐。换罐时间快到时，通知中控人员，准确切换。

（6）落罐前先在发酵罐内放入 500L 清水、25kg 麦曲、50kg 酒母醪。

（7）根据米质调节好米层高度（20～30cm）、饱和蒸汽压力、蒸饭时间（15～30min），保证蒸饭熟透，无生米落罐。

（8）根据投料水温，调节好鼓风机的风量大小，控制好冷却后的米饭温度，保证落罐温度达到工艺要求，以及发酵罐上、中、下温度一致。

（9）按照配方，清水、麦曲、酒母以一定的速度（定时定量）均匀落入罐内，切忌忽多忽少。

（10）蒸饭过程中密切注意传动部件（钢带）运行、蒸饭质量、落罐温度的情况。调节好饱和蒸汽加水阀，防止钢带结焦，调节好蒸汽室汽凝水的出水量。对钢带走偏情况做适度的调整。

（11）蒸饭落罐结束时，对输料管路进行冲洗。

（12）蒸饭作为能耗关键控制点，应把握好蒸饭时间，每次蒸好后应检查米饭质量，在保证质量的前提下，尽可能缩短蒸饭时间，以节约蒸汽。图 4-10 为蒸饭和投料自动控制界面。

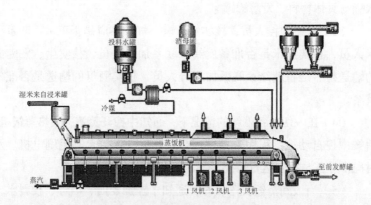

图 4-10　蒸饭和投料自动控制界面

二、蒸饭中控操作

1. 工艺流程

蒸饭作业流程见图 4–11。

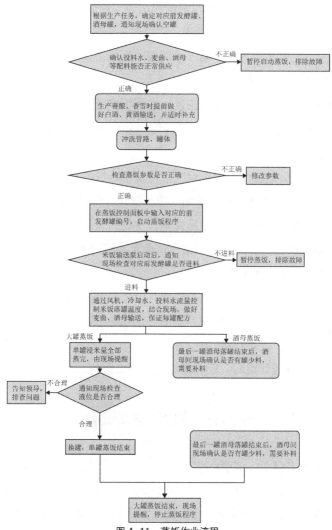

图 4–11　蒸饭作业流程

2.操作方法

（1）根据生产任务，确定对应前发酵罐、酒母罐，通知现场确认空罐。

（2）投料水、麦曲、酒母等配料能否正常供应确认，生产善酿、香雪时提前做好白酒、黄酒输送，并适时补充。

（3）投料水经投料水泵、米饭输送泵输送，冲洗当日需要使用的管路、罐体，并排污。

（4）检查蒸饭参数是否正确，在蒸饭控制面板中输入对应的前发酵罐编号，启动蒸饭程序。米饭输送泵启动后，通知现场检查对应前发酵罐是否进料。

（5）蒸饭过程中，通过风机、冷却水、投料水流量控制米饭落罐温度，并结合现场，做好麦曲、酒母输送，保证每罐配方。

（6）大罐蒸饭换罐，现场提醒，中控人员通知现场检查对应的前发酵罐液位是否合理，并根据液位确定换罐时机。

（7）单罐蒸饭结束。

（8）大罐蒸饭结束，现场提醒，停止蒸饭程序。

（9）酒母蒸饭时，最后一罐酒母落罐结束后，酒母间现场确认是否有罐少料，需要补料。

（10）蒸饭结束后，配合现场充气顶出余料。

第四节　米饭的冷却设备

蒸熟后的米饭，必须经过冷却，迅速地把品温降到适合微生物繁殖的温度。这是因为蒸饭以后熟饭的温度很高，在气温比较高的时候，如果要靠自然冷却的方法，把品温降到适合微生物繁殖的温度，将要经过较长的时间。在这段较长的时间里，熟饭在自然环境下很容易被有害微生物侵袭，导致酸败。传统的冷却方法按其用途不同，可分成淋饭冷却和摊饭冷却。

卧式或立式蒸饭机都采用机械鼓风冷却，冷风从不锈钢网带向上吹；也有风冷和水冷结合型的，即先鼓风冷却，再加适当冷水淋洒冷却，且大多已实现了蒸饭和冷却的连续化。摊饭冷却从自然冷却发展到风冷和水冷，是工艺上的一大改革。风冷或水冷可以使熟饭迅速冷却并且均匀，不产生热饭块，防止因冷却慢而被有害微生物侵袭，引起酸败及老化回生现象的发生。淀粉老化后不易被淀粉酶水解，造成淀粉的损失。特别是粳米和籼米原料，因其直链淀粉含量较多，更容易发生老化回生现象，故应确保达到迅速冷却这一要求。

冷却米饭输送的传统工艺为采用人抬和车运搬送入缸发酵。而卧式或立式蒸饭机的新工艺大罐发酵，都已利用不锈钢网带或橡胶输送带输送至发酵罐，或利用溜管通过位差将米饭和水一起流放入处于蒸饭机室下层的发酵罐中。目前自动化程度较高的企业则采用螺杆泵自动控制输送入前发酵罐。日本酿造清酒，冷却米饭的输送采用带式运输机，或利用高压风机的气流输送。国内也有人正在研究用真空抽吸使风冷和气流输送成为一个单元，以简化工序和节约能源。

第五节　米饭拌曲输送设备

饭水混合物管道输送过程的压力检测与控制系统主要由螺杆泵、搅拌装置、管路、压力测试装置等组成。会稽山黄酒项目工程蒸饭工段到前发酵工段实际的物料输送泵送系统由以下几部分组成（见图4-12）：蒸饭机出饭口，酒曲、投料水混合罐，搅拌斗，螺杆泵和输送管道。

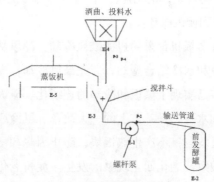

图 4-12 螺杆泵管道输送系统

　　配比后的麦曲、酒母和投料水先在混合罐内混合均匀，再定量投入蒸饭机配料口中的搅拌斗，与米饭混合，然后由螺杆泵推送，通过输送管道自动输送至前发酵罐。投入发酵罐的醪液温度由自动控制系统通过调节热水和冷水的加入比例来确定；酒母量是用自动控制输送泵定时匀速控制；通过按蒸饭时间平均、脉冲等方式，加上整个过程中的微调，将酒母、麦曲、投料水均匀添加到米饭中。通过该闭环控制模型，形成数据库，正确配置米饭、投料水、生麦曲、熟麦曲、酒母的配方比例。自动化黄酒酿造的配方严格按照传统工艺配置。图 4-13 为生麦曲、熟麦曲自动配料控制界面。图 4-14 为蒸饭机自动配料口。图 4-15 为螺杆泵结构示意图。

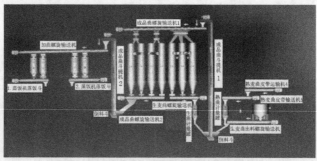

图 4-13 生麦曲、熟麦曲自动配料控制界面

图 4-14 蒸饭机自动配料口

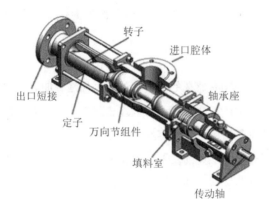

图 4-15 螺杆泵结构

第五章

制曲设备

"以麦制曲、用曲酿酒"是我国黄酒酿造的传统操作技艺。麦曲作为酿造黄酒的糖化剂,赋予黄酒特有的风味,被称为"酒中之骨",说明了曲的地位。

目前绍兴黄酒酿造的机械化生产中仍然沿用比例较高的自然培养生麦曲与纯种培养的熟麦曲混合使用作为糖化剂的酿酒工艺,以满足机械化黄酒生产快速糖化的要求,又保持了传统曲香的固有特色和风味。

制曲技术在我国有悠久的历史,过去采用地板曲、木盒曲、挂曲等都是较落后的生产麦曲方法。这些方法制曲,生产能力低,劳动强度大,但因其设备简单,操作容易,投资不多,故目前仍有部分酒厂继续采用。随着发酵工业的发展,现在很多工厂已逐步采用麦曲压块机、机械通风制曲设备、圆盘制曲机和自动化生麦曲生产流水线。

第一节　麦曲压块机

一、传统踏曲生产

自然培养的麦曲,以块曲为主要代表,包括踏曲、挂曲和草包曲等。绍兴酒的生产原来采用草包曲,现在因受稻草来源的限制,也改用了踏曲,其糖化力比之前有所提高。

1. 工艺流程
踏曲生产的工艺流程如图 5-1 所示。

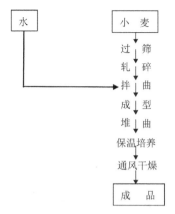

图 5-1 踏曲生产作业流程

2.操作方法

（1）过筛和轧碎

过筛是为了除去小麦中的泥、石块、秕粒和尘土等杂质，使麦粒整洁均匀。清理后的小麦通过轧麦机，每粒轧成 3～4 片，细粉越少越好，这样可使小麦的麦皮组织被破坏，麦粒中的淀粉外露，易于吸收水分，又可增加糖化菌的繁殖面积。如果麦粒轧得过粗，甚至遗留许多未经破碎的麦粒，就失去轧碎的意义；相反，麦粒轧得过细，制曲时拌水不易均匀，细粉又易黏成团块，不利于糖化菌的繁殖。为了达到适当的轧碎程度，必须掌握以下两点：一是麦粒干燥，含水率不超过 13%；二是麦粒过筛，力求在上轧碎机时保持颗粒大小均匀一致。同时，在轧碎过程中要经常检查轧碎程度，随时加以调整。

（2）拌曲

将经称量的已轧碎的小麦 25kg，装入拌曲机内，加入 20%～22% 的清水，迅速开机搅拌均匀，务必要吸水均匀，不要产生白心和水块。加水量不是一成不变的，应该结合原料的含水率、气温和曲室保温条件，酌情增减。若加少了，不能满足糖化菌生长的需要，菌类繁殖不旺盛，出现白心，造成麦曲质量差；但加水太多，升温过猛，反而使麦料水分蒸发过快，影响菌丝生长，造成干皮，若水分不能及时蒸发，往往还会产生烂曲。所以，拌曲加水量要根据实际情况严格控制。同时，曲料加水后的翻拌必须快速而均匀，这是制好麦曲的关键之一。如果麦料吸水不均匀，水多处将造成结块，易成烂曲，水少处菌丝又会生长不良；而拌曲时间过长会使麦料吸水膨胀，成型时松散不实，难以成块。以前，拌曲是在木盆内手工操作，劳动强度大，现在已采用电动拌曲机，不但减轻了劳动强度，而且大大提高了效率（每台每小时可翻拌 2500kg 麦料）。拌曲机的结构如图 5-2 所示。

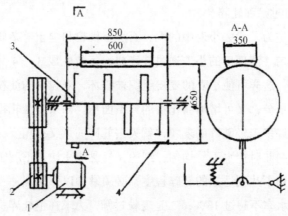

1- 电动机；2- 传动轮；3- 方框形圆钢；4- 圆筒。

图 5-2　拌曲机结构（单位：mm）

拌曲机的构造比较简单，其主体部分是一只水平安装的圆筒，直径约为 65cm，筒长 85cm 左右。圆筒上侧开有 60cm×35cm 的方孔，并配有筛板盖，供进出料和加水之用。圆筒中心装有水平的搅拌轴，轴上固定几个方框形的圆钢，轴的两头装有轴承，固定在支架上，同时轴端的传动轮与电动机连接。拌曲料时，圆筒由弹簧踏板上的梢子固定，不致翻动，出料时只要踩一下弹簧踏板，退出梢子，圆筒可向前翻转，倒出曲料后再恢复到原来的位置。

（3）成型

成型又称踏曲（压曲），其目的是将曲料压制成砖形的曲块，便于搬运、堆叠、培菌和储存。踏曲时，先将一只长106cm、宽74cm、高25cm左右的木框平放在比木框稍大的平板上，先在框内撒上少量麦屑，以防黏结，然后把拌好的曲料倒入框内，摊平，上面盖上草席，用脚踩实成块后取掉木框，用刀切成12个方块，曲块厚4～5cm。有的踏上两层后再切块，可提高效率。切成的曲块不能马上堆曲，因为这时曲料尚没有完全吸水膨胀，曲块不够结实，堆起来容易松垮倒塌，需静置半小时左右，再依次搬动堆曲。

（4）堆曲

曲室是普通的平房，室内两壁常设有木板窗，供调节温度用，但对房屋的布置，要求并不严格。堆曲前曲室应先打扫干净，墙壁四周用石灰乳粉刷灭菌，在地面上铺上谷皮及竹簟，以利保温。堆曲时要轻拿轻放，先将已结实的曲块整齐地摆成"丁"字形，叠成两层，使它不易倒塌，再在上面铺稻草垫或草包保温，以利于糖化菌的生长繁殖。

（5）保温培养

保温工作要根据具体情况灵活掌握。堆曲完毕，关闭门窗，如果曲室保温条件较差，可在稻草上面加盖竹簟，加强保温。一般品温在20h以后开始上升，经过50～60h，最高温度可达50～55℃。随着曲堆温度的升高，水分蒸发，竹簟显得十分潮湿，并能见到竹簟朝下的一面悬有水珠，这时便要及时揭去，否则，冷凝水滴入曲料，将会造成烂曲。曲堆品温升至高峰后，要注意做好降温工作，根据情况减少保温物，适当开窗通风等。此后，品温迅速下降，一般入房后约经一周，品温可降到室温。进房后约 20 天，麦曲已坚韧成块，按"井"字形堆叠起来，让其残余水分和杂味挥发。

二、麦曲压块机制曲

机械化黄酒生产普遍采用麦曲压块机（见图 5-3）。压块机是根据麦曲的生产工艺要求，模拟人工踏曲设计的。其特点是产量大、效率高、占地少。压块机的机械运动是由电动机带动链轮，再由凸轮连杆机把链轮的圆周运动转为曲锤的上下运动，将麦料压成块状。麦料由进料口进入曲模，曲模由链带带动，经物料厚度调节板调节厚度，然后由曲锤将麦料在曲模中压实，再由曲锤将曲块压出到输送带，由输送带送至曲室进行培养。

图 5-3　智能化麦曲压块机

麦曲压块机的操作要点如下。

（1）为了保证机器的安全使用和延长其寿命，开车前必须全部检查各种螺丝是否有松动现象。

（2）开车前检查曲锤和曲模是否对位（采取人工空转主机查验）。

（3）开车前润滑各部位，全部注入润滑油。

（4）检查电机转动方向是否与大皮带轮上的方向一致，严禁开倒车。

（5）在工作中，料、水要配合均匀，曲锤、曲模和曲槽等与物料接触的部件要经常用水清洗。如不经常使用，停放期间要擦洗干净，各润滑部位要注入润滑油封闭保养。

（6）开车前要检查离合器部分是否有松动和错位。

第二节　机械通风制曲设备

一、机械通风制曲的工艺流程

机械通风制曲的流程一般是：原料→蒸麸机→扬麸、冷却接种装置→带式运输机→曲池通风培养→成品曲。

机械通风制曲的优点有：设备简单（如图5-4所示），投资少，能节约人力（40%左右），提高劳动生产率；向曲层通入的空气经过调温调湿，使麸曲质量得以提高，提高酿酒出酒率；改善工人的劳动条件，降低劳动强度；降低曲室受潮程度，使房子使用年限增加。缺点是风机耗电较多，且伴有噪音。

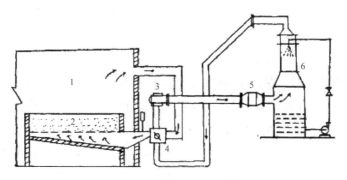

1– 曲室；2– 曲层；3– 风机；4– 变向阀；5– 加热器；6– 喷水器。

图5-4　通风制曲作业流程

二、机械通风制曲的主要计算

1. 曲池

曲池一般采用长方形砖池，四周用水泥抹面，长与宽之比以 2～5 为宜，曲池的深度通常为 45～55cm，池底向一端倾斜 3°～7°，主要是使空气布满全池，均匀上升。在池子里（距池顶边 0.3～0.5m）铺一层铁条，铁条上铺筛板，四周用扁铁将筛板压紧，防止空气短路，曲料堆放在筛板上，厚 0.3～0.5m，池顶装置压条压盖曲料。曲池一端有风口与风道连通，风口用闸门调节风量。

2. 风机

曲池通风的方式有单向通风和双向通风。单向通风系由池底向上通风；双向通风系上、下两向都能通风。双下向通风风道复杂，较少应用，目前多采用单向通风。

曲室里的废气具有一定的温度和湿度，可以回收利用，故多装置回风管，把废气引入风机，与新鲜空气混合使用。但因通入曲层的空气中 CO_2 含量有限制，以含 CO_2 2%～5% 为宜，故回风管上也安装闸门，以便控制回风量。

机械通风制曲一般采用离心式通风机。选用风机时应注意风量能满足要求、风压适当、效率高、尺寸小、振动小、噪音低。

（1）风量与风压

根据实验数据，每 1000L 通风曲所需风量为 6000～8000m³/h。

风压的大小仅与曲层阻力有关，而与曲池的大小无关。对粗料（即麸皮:稻壳=60:40）厚 45～50cm 的曲层，风压为 120～140mmH₂O；对细料（70% 麸皮、30% 稻壳加酒糟）厚 30～35cm 的曲层，需风压 140～180mmH₂O。

（2）风机的功率

风机的功率 N（kW）按下式计算：

$$N = \frac{Q \cdot p}{10^2 \eta}$$

式中：Q——风量（m^3/s）；

p——风压（风机的全风压）（mmH_2O）；

η——风机效率，一般为 $0.5 \sim 0.75$。

选用风机电机功率要乘以 1.2 的安全系数，并按国家产品目录选用。

第三节　熟麦曲制曲设备

熟麦曲制曲目前大多采用圆盘制曲机。圆盘制曲机由自动化操作，入料、出料、培养过程中的翻料均由机械操作，在整个操作过程中，人与物料不直接接触，避免了人为污染。其机械化、自动化程度高，卫生条件好，占地面积小，是固体制曲的先进设备；温度、湿度、风量自动化控制准确，提高熟麦曲质量，减少劳动力，提高劳动生产率，降低工人劳动强度，改善工人工作环境。

一、种曲制备

目的：从原料投放到种曲培育成功，均处在一个密闭的环境中，不受外界杂菌感染，能保持最有利于微生物生长的温度和湿度环境。

要求：孢子旺盛，呈新鲜的嫩黄绿色，具有种曲特有的曲香味，无夹心，无根霉、毛霉、青霉或其他异色，孢子数 100 亿个 /g 曲（干基），发芽率 90% 以上。

设备：自动化种曲制备设备（见图 5–5）。

图 5-5　自动化种曲制备设备

1. 工艺流程

```
加水              菌种
 ↓               ↓
```

麸皮→拌料→装料→蒸料(灭菌)→接种→进房（培养）→出曲→暂存仓（待用）

自动化种曲制备设备自动控制界面见图 5-6。

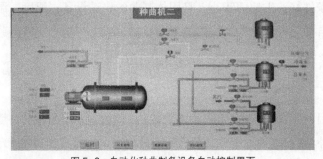

图 5-6　自动化种曲制备设备自动控制界面

2. 操作方法

（1）设备使用前的准备工作

①检查水、电、汽、气供应是否正常。

②检查循环水管路、喷雾 / 冲镜水管路及净化压缩空气管路各阀门，确保其正常工作状态下管路畅通。

③检查各电器元件是否正常。

④喷雾气及增氧管路消毒：关闭 F_4，打开 $F_6/F_8/F_{11}/F_{12}$，再打开 F_{13}，保持 $10 \sim 15min$，关闭 F_{13}，打开 F_4。

⑤检查喷雾嘴：点击手动控制窗口"喷雾"按钮，调节 P2/P3，使两个喷雾头喷雾均匀，持续喷雾 10min，观察喷雾是否正常，同时放净管道中的残存水。

⑥检查风扇是否有异常噪声或振动。

⑦检查蒸汽压力表在无压状态下指针是否指向零。

（2）装料

将原料拌匀粉碎后，分别装入培养盘，厚度以 < 20mm 为宜，然后分层装入培养箱内。

（3）蒸料、灭菌

①打开电控柜电源开关，点击"冷干机停止"按钮，打开冷干机，使其常工作。

②确认 $S_{15} \sim S_{19}/S_{22}/F_9 \sim F_{12}/F_{17}/F_{18}$ 及培养空气阀处于关闭状态。

③打开 $F_7/S_{21}/S_{23}/S_{33}$。

④打开蒸饭进汽阀 F_{19}，缓慢进汽，当压力表的指针到 0.06MPa 时，关闭 F_{19}，打开排汽阀 F_{17} 排汽，排汽后关闭 F_{17}；打开 S_{22}，再打开 F_{19} 继续进汽，当 S_{22} 排水出口有大量蒸汽时，关闭 S_{22}，至表压约 0.15MPa（120℃）时关闭 F_{19}。保压 $20 \sim 25min$ 后打开 F_{17} 排汽，打开 S_{22} 排水。

⑤排汽和排水结束后，打开抽真空阀，关闭 $F_{17}/S_{22}/S_{23}$，点击手动控制窗口"真空泵停止"按钮开启真空泵。当罐内真空度达到 -0.06MPa 时，关闭抽真空阀，再点击"真空泵启动"按钮，关闭真空泵，关闭 S_{21}/S_{33}。

⑥检查冷/热循环回路，确保其正常，点击手动控制窗口"风机停止"及"冷循环停止"按钮，设定风机频率 35Hz。点击"增氧

停止"按钮，向罐内输送无菌空气，待罐内压强 –0.04MPa、曲料温度 35～38℃时，即可接种。

（4）接种

①确认风机频率 40Hz，曲料温度 35～38℃，压强 –0.04MPa。

②打开接种器盖，直接将三角瓶菌种倒入接种器，拧紧盖。打开 F_{10}，再打开 F_9（注意确认调压过滤器 P_2 压强调节到 ≥ 0.4MPa，其压力直接影响接种效果），将菌种吹入机内；完毕后关闭 F_9/F_{10}，打开接种器盖，排渣后洗净。

（5）培养

接种完毕后，按工艺在自动培养参数设置窗口设置好参数，按"确定"保存参数及返回至培养窗口，再按"自动培养"进入全自动培养。

（6）出曲

培养结束后，关闭空压机和水泵等，打开排水阀 S_{22} 放水，其他阀门关闭，最后打开种曲机门出曲。

（7）清洁工作

出曲完毕后，打扫地面与设备。

二、熟麦曲制曲机

小麦经焙炒后接入种曲和加入水，自动拌匀，输入熟麦曲制曲机（圆盘制曲机）内。整个培育过程始终处于密闭的环境里，只需通过电脑进行自动控制。培养完成后，经干燥机干燥，再经斗提机运至蒸饭机间配曲仓。

圆盘制曲机（见图 5-7）主要由外驱动的回转圆盘、翻曲机、进料与排料系统、通风空调系统、隔温壳体等部件组成。翻曲机采用特殊结构的搅拌叶片，翻曲均匀、彻底；排料系统采用 45° 浮动式挡风板，出曲干净，剩料少；回转圆盘平面度、圆度精确，无漏料；设有温度自动控制、自动报警系统。

图 5-7 圆盘制曲机

圆盘制曲机室内的所有零部件均采用不锈钢制作，杂菌感染少，清洗方便，使用寿命长；温度、湿度、风量的调控实现了自动化。微生物在整个培育过程中，始终处于密闭的环境中，只需通过观察窗进行控制。所以微生物在生成、发育过程中对温度、湿度、氧的补充等不同的各种条件，更能得到满足，更有利于微生物的培育。

圆盘制曲机的使用大大减少劳动力，提高劳动生产率，降低工人劳动强度，改善工人工作环境，水、电器等能源消耗比普通微生物的培养方法低很多。

该设备是集消毒、降温、进料、接种、送（排）风、调温、调湿、搅拌培养、发酵出料等为一体的全封闭式的自动发酵系列制曲装置。

圆盘制曲机的突出特点有以下几点。

（1）自动化程度高，以实现无人化管理为目标：风量、风压、温度、湿度等制曲要素均由制曲程序自动控制并记录。

（2）人性化程度高：PLC（可编程控制器）控制，触摸屏操作，使制曲程序参数可修改并保存（多达 10 套制曲程序）。

（3）圆盘盘体制作精度高：漏料少，出曲后盘体上基本无残存料，翻曲彻底。

（4）进出料高度数字化显示：进出料更加便捷。

（5）开放式中心立柱设计：清洗彻底，维护方便。

（6）风机、盘体驱动均采用变频器控制：节能，并实现自动化运行。

（7）整体美观、精细。

圆盘制曲机的操作如下所示。

目的：小麦经炒熟、轧扁、加水、拌料、接种培养而成，作为酿酒的糖化发酵剂。

要求：成曲菌丝稠密、粗壮，具有曲香，无酸味及其他霉烂味，曲的糖化率达到 1600 单位以上，酸度 ≤ 0.6，水分含量 25%。

1. 工艺流程

加水　　种曲

小麦——→过筛——→炒麦——→轧扁——→拌料——→进房（翻曲）——→自动培养——→干燥排潮——→成品（待用）

圆盘制曲机自动控制界面如图 5-8 所示。

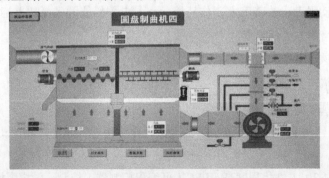

图 5-8　圆盘制曲机自动控制界面

2. 操作方法

选用当年产的红皮软质小麦。

（1）炒麦（过筛）

①炒麦的要求是将麦炒至七八分熟，色泽黄亮，不烂不焦，有炒麦的焦香味，麦粒颗粒饱满。

②炒麦的目的是灭菌，有利于菌种的接入；有焦香味。

③过筛的目的是将小麦中的各类杂质除去，使小麦整洁均匀，从而确保麦粒被均匀地粉碎，达到制曲的要求。

④开车前应做常规检查，即检查固件、安全防护及设备润滑情况等。

⑤过筛设备操作应先启动轧麦机、振动筛，再依次启动小麦斗提机2、小麦斗提机3、小麦皮带机2、小麦斗提机1，检查机器设备能否正常运行后，将小麦倒入受料斗，拆卸小麦袋应从上到下，注意安全。

⑥投料时应拣出不合格小麦，保证投料质量。

⑦炒麦机操作应先把手/自动旋钮转到手动。

⑧炒麦机预热：启动炒麦机、燃烧器，至炒麦机温度达到420～450℃（实际所需温度根据现场情况确定）。

⑨依次启动（按生产线顺序逆向启动）麦片皮带机4、麦片斗提机1、麦片皮带机3、风冷机、碾麦机、麦砂分离机、小麦斗提机6、炒麦机、小麦斗提机5、蒸麦机、螺旋运输机、小麦斗提机4。

⑩炒麦结束后先关闭燃烧器，再关闭生麦定量机。等炒麦线上麦子走完后依次关闭（机）（按生产线顺序正向关闭）小麦斗提机4、螺旋运输机、蒸麦机、小麦斗提机5、小麦斗提机6、麦砂分离机、碾麦机、风冷机、麦片皮带机3、麦片斗提机1、麦片皮带机4。等

炒麦机冷却到100℃以下，关闭炒麦机。

⑪停车时，先停止进料，再继续运行1～3min，将设备内的存料排空，才可关闭（机）。

⑫时刻注意炒麦质量，控制好麦粒流量和爆麦机的炉火内火候，检查炒麦程度是否一致。

⑬时刻检查设备运行情况，勤加润滑油，作业现场清洁卫生。

⑭小麦袋每二十只一叠，五叠一捆打好件，点清麦袋数量，及时送交。

（2）轧扁

①轧扁的要求是轧出来的麦粒扁而不碎，即要淀粉外露，又要麦粒不碎、粗细均匀，无整颗麦粒。

②轧扁的目的是使麦粒淀粉外露，以利于微生物生长。

③启动轧麦机，控制好麦粒流量，时刻注意轧扁的程度是否一致。

（3）拌料（加水、种曲）

①拌料的要求是严格控制拌料水分，水、种曲一定要搅拌均匀，使麦粒吸水、种曲均匀。一般拌料后的水分含量为22%～24%。

②拌料的目的是有利于微生物种曲培养繁殖。

③炒好的曲料中加入40%～50%水，用绞龙充分拌匀，将种曲（用量为原料的0.3%～0.5%）均匀地混入曲料中。

④控制曲料向上送料速度，使之保持平稳，经常检查曲料的干湿情况。

（4）进房

1）圆盘运行前准备工作

①检查水、电是否正常，气、汽的压力是否达到要求，并依次开启。

②开启圆盘主电源开关、风机电源开关（在控制柜内左上角，

向上开启）。

③依次检查圆盘、风机、翻曲绞龙、出料绞龙、温度探头、新风门是否能正常工作。

④调取预先设定的培养参数，必要时重新设定。

2）圆盘干燥灭菌

为了减少制曲过程中杂菌污染的风险，需要在制曲前对圆盘进行干燥灭菌。

①确认换热器的加热蒸汽已经开启，手动开启空调箱中的蒸汽，点击干燥灭菌。

②此时温度会升高，圆盘内也会有大量蒸汽，温度升至65℃时，将加湿蒸汽关闭，保持程序的干燥灭菌状态。

③由于换热器热风的循环，灭菌继续，圆盘内部水汽被烘干。

④灭菌时间到时，关闭干燥灭菌，手动开启排汽风机，进行排汽、降温。

3）进料、平料

①进料前物料的处理：出锅熟料经风冷机冷却到适当温度后，由接种器均匀接入种曲，接种量根据工艺而定。

②关闭好上、下风室门，点击操作屏幕"进料气缸"，同时开启进料的皮带机，并将翻曲绞龙上升到最高点。

③进料时，将进、出料绞龙升到适宜位置（一般情况下一锅料平面上升80mm左右），转动圆盘并点击绞龙进料。此时，在圆盘转动和绞龙推动的共同作用下，物料均匀地平铺在圆盘上。

当进料结束后，停止绞龙进料。如果物料在圆盘表面有起伏，先将物料用平料绞龙整平；如果物料起伏较大，要一层一层推物料，不要一次推完，免得大量物料堆积在平料绞龙处，持续这样的操作，直至物料整体分布均匀。注意：开启"绞龙进料"时不要将过多的物料向中间推挤，容易造成绞龙卡死及中间物料过实。正确做法是，调整绞龙高度，并配合绞龙正转反转进行平料。

④进房完毕后，再进行一次翻曲，使上、下均匀，料温应控制在 33～35℃（根据气候具体掌握）。关上房门，进行发酵培养。

⑤下降翻曲绞龙，对物料进行翻曲。翻曲结束后，点击上升翻曲机至翻曲机前端在料层中深 100mm 左右、进料绞龙在物料平面的合适位置进行平料操作，待圆盘再转动一圈，平料操作完毕，然后将翻曲机上升完全，点击停止翻曲。

4）初始温度调节

料层厚度一般为 250～400mm，保持疏松、厚度一致。下料完毕，将内、外品温测控探头插入曲料。如果品温低于或高于工艺控温要求，需进行一次调温，开启风机，适当开启新风分阀调节风温，在较短时间内调节曲料品温一致，关闭风机。检查完毕，开启"自控"模式，进入自动制曲培养程序。注意：温度要逐步调整，调节幅度不要过大，以免过凉或过热。

（5）培养

1）启动自动培养按钮。培养（发酵）分为 4 个周期，即静置期、生长期、快速繁殖期、平稳期（在进入生长后期之前出料）。每一段时间的温度、湿度、通风根据菌种的工艺要求而定。整个培养（发酵）周期为 2 天，共分 6 个阶段。

第一阶段（0～6h）：其主要特征是孢子吸收水分，萌芽、幼嫩菌丝形成阶段。控制重点应该在保温、保湿上，房温为 30℃以上，相对湿度为 90% 的料温在 32℃以上。

第二阶段（6～12h）：其菌丝体刚开始生长，料温上升缓慢，呼吸不旺，产热量少。此时通风量要小，控制重点应在增加房温和湿度上，料温为32～34℃。

第三阶段（12～18h）：此时菌丝慢慢形成，呼吸开始旺盛，料温逐渐上升。此时风量要逐渐增大，料温在35℃左右。

第四阶段（18～24h）：菌丝大量形成，呼吸旺盛，并产生大量热量。此时风量要加大，料温在38℃左右，但不能超过40℃。

第五阶段（24～28h）：曲霉菌的生命活动过程逐渐停滞，呼吸也不旺盛，开始形成分生孢囊和分生孢子，这是积累酶最多的阶段。

第六阶段（28～36h）：此时应提温降湿（也就是提高室温，降低湿度），室温为35℃。冬、春季节平均要比春、夏季节高1～2℃；夏天温度高时可用冷冻机进行降温，冬天冷风适量使用。

视结曲情况和曲层温度做第一次翻曲。翻曲前温度急剧上升，由于菌体生长，通风阻力增大，且由于消耗了水分，曲料可能会开裂，造成漏风，需要密切关注。

2）翻曲操作方法如下。

①需翻曲时，关闭自动制曲，将温度探头上升。

②拔下料层中的酒精温度计，将风机转速调至20～30Hz，圆盘转动，将翻曲绞龙下降完全（自动停止下降，或视结曲硬度情况逐层完成翻曲）。

③翻动曲料，直至翻曲完成，将曲料整理至平整。

④关闭圆盘转动，再进行平料，插入温度探头和酒精温度计，恢复自动控制程序。

⑤应合理判断翻曲时机，防止过老过嫩。

（6）出曲

①出曲时，停止自动制曲，将程序切换到手动，升起测温探头，将出料口上的挡板拉开。

②开启圆盘转动，将风机设定到合适频率（20～25Hz，可防止漏料）。

③开启"出曲气缸"，点击"绞龙出料"和"绞龙下降"，将进、出料绞龙下降到合适高度出曲，将曲料连续送到干曲机。

④出曲完毕，切断电源，彻底打扫清洗圆盘内、外部的卫生，清洗并擦干净设备。检查蒸汽、高压空气和水是否关好。

（7）干燥排潮

①开机：开启主"电源"总开关，转动"控制电源"复位，"控制电源"灯亮。

②自动进料：开启侧室/室顶加热，扭开"自动进料"，手动调整圆盘转速（初次使用建议30Hz），当自动进料结束时，关闭"自动进料"（所有动作停止）。手控平料：圆盘转动→绞龙正/反转→点动绞龙升/降，平料结束后，关闭所有动作。

③自动烘干：扭动至"自动烘干"，通风风机至"自动"，按气温等因素手动开启或关闭侧室/室顶加热，切换室内/外风阀。

④自动出曲：扭开"自动出曲"，调节盐水量及圆盘转速，扭开"出曲结束"。

⑤清洗后干燥：打开圆盘顶及上、下室蒸汽阀，使制曲风机处手动运行状态，"风机"开（设置转速25Hz），"干燥"开，调"风阀开度"至30%，待圆盘温度上升至65℃，保持5min，"干燥"关，调"风阀开度"至100%，风机转速设置45Hz，待圆盘温度下降至30℃，关闭所有设备。

第四节　自动化生麦曲制曲设备

生麦曲自动化生产流程、装备及控制系统的使用，改变了传统生麦曲生产方式，提高生麦曲产品品质，增加生麦曲酶系的丰富性和活力，提高糖化率，减少生麦曲投料量，促进酿酒酒质的稳定性，缩小批次间差异；生麦曲直接应用于投料发酵环节，缩短了生麦曲生产储存周期，大幅度提高了劳动生产率及设备利用率。该技术具有自动化程度高、生产周期短、产品质量稳定、清洁化生产等优势，填补国内空白，达到国际先进水平。

一、自动化生麦曲生产工艺流程

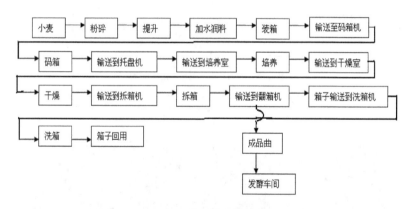

二、自动化生麦曲生产控制和操作界面

根据制曲过程的各个阶段进行送风、加热或加湿控制，制曲过程参数均在远程电脑上设置，系统根据配方、工艺条件进行控制，使整个制曲过程的送风、加热、加湿达到高度自动化。图5-9、图5-10分别为自动化生麦曲生产控制和操作界面。

各系统之间的切换按钮

风机的状态显示

风机手动控制切换,可手动开启风机

调节阀手动控制切换,切换到手动控制模式时,在需要的阀开度中输入数据即可

房间参数显示

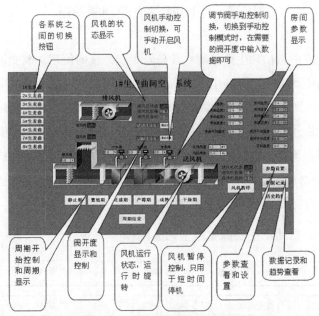

周期开始控制和周期显示

阀开度显示和控制

风机运行状态,运行时旋转

风机暂停控制,只用于短时间停机

参数查看和设置

数据记录和趋势查看

图 5-9　自动化生麦曲生产控制界面

数据设置:直接在数据框中输入数值,按回车键即可修改

周期显示和控制:在周期结束之后,再次运行时可以点击任一周期开始

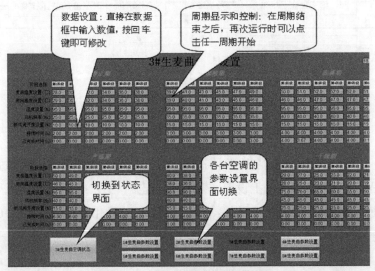

切换到状态界面

各台空调的参数设置界面切换

图 5-10　自动化生麦曲生产操作界面

自动化生麦曲生产系统推动酒类生产装备和酿造技术升级，实现酒类生产由机械化酿造向信息化、智能化和自动化酿造的改造提升，对酿酒行业的技术进步具有重大的推动作用。

三、自动化生麦曲生产系统设备

自动化生麦曲生产系统由轧麦机、振动筛、斗提机、皮带机、拌料机、自动装箱机、码垛机、培养室、通风系统、干燥房、卸垛机、翻箱机、暂存仓等设备组成（见图 5-11）。

图 5-11　自动化生麦曲生产设备

四、自动化生麦曲生产系统操作

目的：生麦曲是以小麦为原料，经破碎、加水、拌料、自然培养而成，主要作为酿酒的糖化剂和发酵剂。

要求：成品曲的质量要求为具有麦曲特有的香气，曲箱中心密布白色菌丝，无黑色、烂曲，干燥结实。麦曲的糖化率达到1000单位以上，酸度≤0.4，水分含量15%。

选用当年产的红皮软质冬小麦。

（1）轧麦（过筛）

①轧麦要求控制每粒小麦轧成3～5片，无整粒存在。细粉越少越好，既要使表皮组织被破坏，使麦粒中的淀粉外露，易吸收水分，又可增加糖化菌的繁殖面积。

②过筛的目的是将小麦中的各类杂质除去，使小麦颗粒均匀，从而确保麦粒被均匀地粉碎，达到制曲要求。

③设备操作应先启动轧麦机、振动筛，然后启动小麦斗提机2、小麦斗提机3、小麦皮带机1、小麦斗提机1，检查机器设备能否正常运行，再将小麦倒入受料斗。拆卸小麦袋应从上到下，注意安全。

④开车前应做常规检查，即检查固件、安全防护及设备润滑情况等。

⑤停车时，先停止进料，再继续运行1～3min，将设备内的存料排空后，才可关机停车。

⑥投料时若发现不合格小麦，需拣出，以保证投料质量。

⑦时刻注意轧麦质量，检查轧麦程度是否一致。

⑧时刻检查设备运行情况，勤加润滑油，作业现场清洁。

⑨小麦袋每二十只一叠，五叠一捆打好件，点清麦袋数量，及时送交。

⑩工作结束后，关闭电源，做好设备的清洁维护保养、现场的清洁卫生工作。

（2）拌料（装箱）

①拌料时要严格控制水分，一定要搅拌均匀，使麦粒吸水均匀；

一般拌料后的水分含量为 22% ～ 24%。

②拌料的目的是有利于微生物自然生长繁殖。

③控制麦料提升速度，并保持供料平稳，经常检查曲料的干湿情况。

④拌后的曲料自动装箱至码垛机，散料及时返箱。

⑤时刻检查设备运行情况，勤加润滑油，作业现场清洁。

⑥工作结束后，关闭电源，做好设备的清洁卫生维护保养、现场的清洁卫生工作。

（3）码垛

①准备: 开启电源开关和压缩空气气阀，检查气动元件有无漏气、光电元件等部件工作是否正常。

②正常码箱前，用手动启动码箱机检查运行情况；运行正常时，注意码箱情况，若发现状况，及时处理。

③小托盘为 42 箱，大托盘为 168 箱。

（4）进房（培养）

①小车装好后，启动小车电源开关，送曲坯进房内培养。

②使小车运行平稳，保证进房安全，房内左右间隙一致。

③培养房送满后，关上房门，启动控制按钮，进行培养发酵。

④首次开机（或者间隔时间开机）前必须先排干蒸汽主管道里面的冷凝水，打开蒸汽主管道最末端的阀门，排净，再关闭。如果设备连续使用，就不需排冷凝水。检查蒸汽管道压力是否正常。

⑤检查机房里面冷冻机是否开启，以及冷冻水管道压力和温度是否正常。

⑥检查各系统阀门是否打开，加湿器、加热器、制冷器的阀门是否打开，旁通管路和阀门是否在关闭状态，电动执行机构是否在关闭状态，气动阀是否漏气。

⑦检查风管系统是否正常，以及风机皮带是否松懈，及时调紧顶杆螺栓。检查排风阀、回风阀、新风阀的执行机构在开机前是否在关闭状态。

⑧检查温度、湿度、风速传感器是否正常，如果有问题，及时更换。检查麦曲温度传感器室内部分是否已经正确无误地插入麦曲，启动后检查显示屏。

⑨进房培养分为 6 个周期，整个培养期为 15 天，周期如表 5-1 所示。

表 5-1　培养期运行记录

培养运行期	静止期	繁殖期	旺盛期	产酶期	成熟期	干燥期
时间						
温度 /℃						
湿度 /%						

（5）干燥房（成品曲）

①冬天首次开机（或者间隔时间开机）前必须先排干蒸汽主管道里面的冷凝水，打开蒸汽主管道最末端的阀门，排净，再关闭。如果设备连续使用，就不需排冷凝水。检查蒸汽管道压力是否正常。

②检查加热器的阀门是否打开，旁通管路和阀门是否在关闭状态。电动执行机构是否在关闭状态，气动阀是否漏气。

③检查风管系统是否正常，以及风机皮带是否松懈，及时调紧顶杆螺栓。检查送风阀、新风阀的执行机构在开机前是否在关闭状态。

④检查温度、湿度、风速传感器是否正常，如果有问题，及时更换，启动后检查显示屏。

（6）卸垛

①准备：开启电源开关和压缩空气气阀，检查气动元件有无漏气、光电元件等部件工作是否正常。

②正常卸箱前，用手动启动卸箱机检查运行情况；运行正常时，

注意卸箱情况，若发现状况，及时处理。

③启动电源开关，开启干燥室房门，大托盘箱曲移至小车上。

④启动电源开关，小车运行至卸垛机，卸下后输送到翻箱机。

（7）翻箱（暂存仓、待用）

①开启电源开关和压缩空气气阀，检查气动元件有无漏气、光电元件等部件工作是否正常。

②正常翻箱前，用手动启动检查运行情况；运行正常时，注意翻箱情况，发现状况，及时处理。

③成品生曲翻入受料斗至暂存仓待用，时刻注意暂存仓的浅满情况，防止满出等现象发生。

（8）控制室

①计算机工作状态下严禁插拔各种外设；严禁在设备上面及周围放置杂物；严禁振动设备。

②保持显示器、键盘、鼠标清洁。每日工作结束后打扫控制室卫生，使用防静电扫把保持地面干净。

③严禁私自在操作站计算机上安装软件。严禁在操作站计算机运行自带软件。操作站系统只安装和运行正常所必需的软件。不得私自复制操作站计算机上的软件、数据。如果工作需要而安装、复制软件、数据等必须由相关负责人签字同意，并做详细记录。

④操作人员只能对控制画面进行正确操作，不得涉及其他程序。

⑤紧急断电或停电后，应立即按正确顺序关闭计算机，并通知相关人员。

⑥操作人员只能使用指定的账户（用户名、口令）登录系统进入控制画面。

⑦严格执行权限设置有关规定，有权限人员不得向非权限人员传递口令。

⑧操作人员要将操作站运行情况写入交接班记录中，各种打印结果都要存档，以备查阅。

⑨若在操作过程中出现了报警画面，如果与工艺参数有关，请自行处理；如果与设备有关，请立即采取相应措施，并通知调度和相关维护人员。

五、自动配料

生麦曲、熟麦曲输送至配曲仓（见图5-12），并按一定比例自动配料。

图 5-12　配曲仓

酒母和发酵设备

第六章

第一节　酒母罐

　　黄酒酒母一般分为自然培养的淋饭酒母和纯种培养的酒母。纯种培养的酒母是由试管菌种开始，逐步扩大培养而成的，因制法不同又分为速酿酒母和高温糖化酒母。淋饭酒母又称"酒娘"，是因将蒸熟的米饭采用冷水淋冷的操作而得名。淋饭酒母的生产一般采用缸或敞口的前发酵罐即可。速酿酒母和高温糖化酒母需要纯化培养，所用的设备必须做到严密、无杂菌感染、能维持适宜的培养温度，保证酵母的旺盛生长，以达到生产的要求，因此，需要采用专用的培养设备。

一、酒母罐的构造

　　制作酒母的主要设备有高压蒸汽锅和酒母罐。高压蒸汽锅的作用主要是对培养基和相关器皿进行灭菌，确保无菌条件。酒母罐主要用于制作生产用酒母，目前大多采用不锈钢制作。其中，制作速酿酒母的酒母罐一般为圆柱形或锥底形，外加夹套用于冷却或保温，罐盖采用铝平盖（见图 6-1a）。而制作高温糖化酒母的酒母罐常采用蝶形封头，内装搅拌器，并装有夹套或蛇管，作为冷却和保温系统，如图 6-1b 所示。

　　当酒母培养液是放在酒母罐内加热灭菌时，槽内必须有加热装置，通常以罐内的冷却蛇管代替，即既是冷却蛇管，又是加热蛇管。冷却水从下部进入，上端排出；加热蒸汽则在蛇管上端进入，下部排出；由阀门控制。

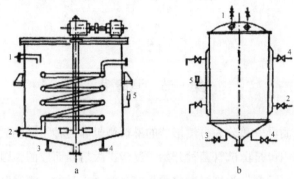

1– 糖液；2– 冷水；3– 压缩空气；4– 蒸汽；5– 温度计。

图 6-1 酒母罐

有的酒母罐内装有搅拌器，用以加速酵母的繁殖，使培养液的糖分能被酵母充分吸收。无菌空气由压缩空气管通入罐内，以供给酵母繁殖过程中所需的氧气，同时起到搅拌的作用。

酒母罐要求密闭，故罐盖上安有视镜，便于操作者观察罐内的液面及酵母繁殖情况。

此外，还附有 CO_2 排出管、进料管、放料管、取样管和温度计等附属设备。

由于重金属离子对酵母的生长有抑制作用，故酒母罐忌用铜等重金属材料制造。

若用铜制，则需要在表面镀以锡层。通常，酒母罐多用不锈钢板制成，厚度 2～3mm。

二、酒母罐的主要计算

1. 酒母罐的主要尺寸

酒母罐的主要尺寸比例常用：

$$H=（1～2）D$$

$$h=（0.12 \sim 0.15）D$$

式中：D——酒母罐的直径（m）；

　　　H——酒母罐圆柱部分的高度（m）；

　　　h——酒母罐锥底部分的高度（m）。

酒母罐的装填系数 $\eta=0.70 \sim 0.75$，则罐的总容积 V（m³）为：

$$V = \frac{V_1}{\eta}$$

式中：V_1——罐的有效体积（m³）。

2. 酒母罐的数量

酒母罐的数量 N 可按下式计算：

$$N = h \cdot \frac{\tau}{24} + 1$$

式中：τ——酒母罐的周转时间（h）；

　　　h——每天需用酒母罐数量；

　　　1——安全备用罐数。

3. 酒母罐搅拌所需空气量

轻微搅拌：每立方米液体每分钟需消耗的空气为 0.4m³；

中等程度的搅拌：每立方米液体每分钟需消耗的空气为 0.7m³；

强力搅拌：每立方米液体每分钟需消耗的空气为 1m³。

所用空气的压强为 0.1 ~ 0.15MPa（表压）。

三、酒母生产操作

通过自动进料程序，将蒸饭机出来的米饭均匀分至 6 个酒母罐中。按照酒母制作工艺参数，在酒母罐控制面板上设定开耙时间和开耙温度，自动控制酒母发酵过程。酒母发酵结束，通过自动加酒母程序，将每罐酒母均匀地加至指定的蒸饭机出饭投料处，实现酒母制作自动控制。

目的：将少量黄酒酵母菌种在酿造初期进行扩大培养，以提供黄酒发酵所需的大量酵母。该步骤同时还起到驯养酵母菌的作用。酒母是酿造黄酒的发酵剂。

要求：酒母醪液老嫩适中，酒精度大于 8.5%vol，酸度在 4.8g/L 以下，酵母数大于 0.9 亿个 /mL，出芽率大于 8.0%，杂菌在 3 个以下为好。

设备：三角瓶（见图 6-2）、高压蒸煮罐（见图 6-3）、酒母罐（见图 6-4）等。

图 6-2　酒母培养三角瓶　　　　图 6-3　高压蒸煮罐

图 6-4　酒母罐

1. 工艺流程

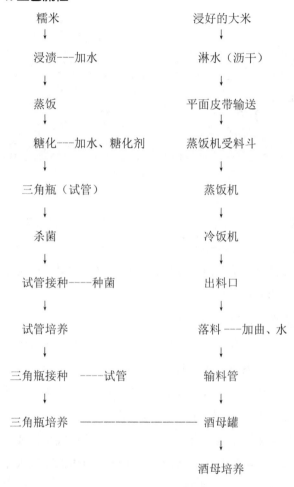

糯米   浸好的大米

浸渍---加水   淋水（沥干）

蒸饭   平面皮带输送

糖化---加水、糖化剂   蒸饭机受料斗

三角瓶（试管）   蒸饭机

杀菌   冷饭机

试管接种----种菌   出料口

试管培养   落料---加曲、水

三角瓶接种 ----试管   输料管

三角瓶培养 —————————— 酒母罐

酒母培养

2. 操作方法

图 6-5 所示为酒母培养自动控制界面。

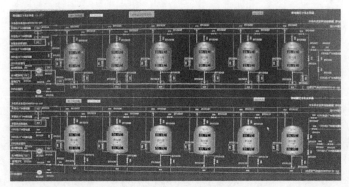

图6-5 酒母培养自动控制界面

（1）制糖液操作

①检查糖液锅是否清洁，蒸汽阀门，冷、热水阀门是否正常关闭。

②在锅内放置好不锈钢制将军帽，要求平稳到位。

③在蒸汽管道上接上内置蒸汽管，确保接口拧紧，以防止内置蒸汽管脱落，蒸汽伤人。

④打开糖液锅底的放料阀阀门。

⑤准备不锈钢大桶和板车、扫把、勺子至湿米输送带旁，取适量已浸泡过的米（蒸饭机休息时，需加带上捞斗，至酒母浸米罐里去捞米），将取来的米倒入糖液锅内，并淋入适量清水，淋下的浆水通过糖液底下打开的放料阀，流入排污管道。

⑥等浆水自然沥干至符合工艺要求后，打开连接至糖液锅内置蒸汽管道的阀门，再打开蒸汽阀门，至蒸汽管道内的冷凝水流干，关闭糖液锅底的放料阀，进行蒸饭。

⑦至锅内的米变色，蒸熟后关闭蒸汽。

⑧调节列管式换热器的温度设置，打开热水管道上的阀门，往糖液锅内加入适量温水，用小铁锹将糖化锅内的饭水搅匀，饭水温度调节至符合糖化要求，先关闭热水阀门，再恢复到列管式换热器

原来的设置。加入适量糖化酶进行糖化，盖上盖子每隔一小时搅拌一次糖化液，使其糖化均匀，同时用酒精温度计测温，糖化过程中根据工艺要求对糖化液进行控温（保温或降温）。

⑨第二次搅拌后，先拧下内置蒸汽管，清洗干净后备用，再用抓钩将将军帽取出，清洗干净后备用。

⑩ 5h 后准备好沥糖液的绸袋、不锈钢架子和不锈钢糖液桶。用糖度计先测量糖化液上清液的糖度。测量后用小竹耙对糖化锅内的糖化液进行搅拌，在放料阀口放上不锈钢小桶，打开放料阀，用小桶将糖化液依次倒入 6 只绸袋中，边搅拌边放，要求尽量均匀入袋。

⑪ 糖化液放完后，放料阀接上排污管道，对用过的工具和锅体进行清洗，确保干净卫生后备用。

⑫ 次日，将分离后的残留米饭从绸袋中倒入不锈钢大桶中，用板车运至前发酵罐进行发酵利用。对使用后的滤袋及时清洗，每天用洗衣粉浸泡后再用板刷清洗，沥干，沥净，确保不影响下次使用。

⑬ 分离的糖液备用。

（2）灭菌操作

①用糖度计测量过滤后糖液糖度，并按工艺要求进行勾兑，勾兑完成后将糖液桶放置在工作台附近备用。

②将不锈钢瓶架推至工作台旁，将瓶架上的干净玻璃三角瓶（3000mL）按要求放置在工作台上，要求排列整齐均匀、数量准确、无破损。

③准备微型潜水泵和食品级塑料连接管，将微型潜水泵浸入勾兑好的糖液桶内，通上电源，按要求依次将糖液灌入三角瓶内。灌装完成后先断开电源，将所用潜水泵、软管进行清洗，沥干水分。

④取和三角瓶等量的纱布和棉绳，对三角瓶瓶口进行包扎。包扎完成后再取等量的牛皮纸和橡胶带，依次对三角瓶瓶口的纱布外

进行再次包扎，完成后依次装入灭菌车中备用。

⑤取所需数量的试管和试管篮，依次将倒置的试管放正，使试管口朝上，并确定数量准确、无破损。

⑥准备好不锈钢漏斗、定量小勺，用不锈钢小桶至糖液桶取糖液，用定量小勺将糖液通过漏斗，依次灌入每一支试管内，确保试管无遗漏。灌装完成后取等量棉塞，将每一支试管口塞紧，并用大牛皮纸和棉绳将每一篮试管进行包扎，完成后依次装入灭菌车中备用。

⑦打开灭菌锅锅门，依次将待灭菌的灭菌车推入灭菌锅中，关闭锅门和安全手阀，检查灭菌参数，确认无误后按"启动"键，并打开蒸汽阀门、压缩空气阀门，灭菌锅进入自动控制状态。操作工要随时观察灭菌锅运行情况，以防止意外发生（如遇紧急情况，先切断蒸汽、压缩空气的手动阀门，再视情况处置）。灭菌完成后，先按停止键，再打开安全阀、灭菌锅锅门，将灭菌车依次从灭菌锅内推出，放置一旁冷却备用，要求用脚刹固定，排放整齐。打开锅门时要注意避免热气伤人，戴好防护用品。

⑧将使用过的工具、推车清洗、归类，并排放整齐，再对地面进行清洁。

（3）接种操作

1）试管接种

①无菌室达到无菌要求，用紫外线灭菌，必要时用甲醛灭菌。

②进入无菌室前，换上室内拖鞋和白大褂。准备酒精灯、火种、接种针、酒精棉、斜面菌种、冷却后的待用试管篮。

③用酒精棉先将酒母工的手消毒，再依次将工作台面、接种棒用酒精棉消毒，接种针用酒精灯消毒。

④取斜面菌种、待接种试管，依次按工艺要求接种。接种时菌种试管口和待接种试管口要在酒精灯火焰上方适当位置，接种针每

次接种时必须按要求在酒精灯火焰上消毒、冷却，确保菌种正常扩大培养、无杂菌污染。

⑤接种完成后，熄灭酒精灯，工具排放整齐，将已接种试管篮按不同菌种分类，放入培养室中进行培养。

2）三角瓶接种

①培养室温度符合工艺要求，培养室达到无菌要求，用紫外线灭菌，必要时用甲醛灭菌。

②进入培养室前，换上室内拖鞋和白大褂，将待接种的三角瓶放置培养室内工作台上，要求整齐、数量准确。

③接种前取酒精棉将手擦洗消毒。

④先取下包扎在三角瓶瓶口上的纱布、棉绳，从试管篮取试管菌种，拔掉棉塞待用，一边掀起三角瓶上的纱布，将试管菌种缓慢、完整倒入三角瓶中，接种完成，把三角瓶口的纱布依次用棉绳包扎紧。

⑤接种完成后，三角瓶培养液在培养室继续培养。酒母工要及时清理、清洁作业现场，以防污染。

（4）酒母落作操作

①操作工穿戴好整洁的工作制服，正确使用劳动保护用品。

②准备好落作用的培养液、糖化剂、杆式温度计、酒母罐，保持干燥清洁，压缩空气管、下作水管定点定位。

③通过无线对讲随时了解酒母蒸饭进度。

④酒母落作开始后，把糖化剂投入酒母罐内，落作完成。中控切换至下一罐后，根据中控提供的温度和现场杆式温度计显示，合理调节至所需下罐品温、液位、pH值，同时加入培养液，用压缩空气搅拌均匀后继续操作下一罐。

⑤落作完成后，把酒母罐内壁上残留的饭、曲用水冲洗干净，再清洁酒母罐外部及地面环境卫生。

⑥夹套保温通知中控，打开酒母罐的进水电磁阀。现场切断冷冻水进水阀，打开自来水阀和蒸汽阀，对酒母罐进行夹套保温。夹套内的出水温度达到要求后，通知中控，先关发酵罐的进水电磁阀，同时现场关闭蒸汽阀、自来水阀，最后打开冷冻水进水阀待用。

⑦至中控室做好酒母落作记录。

（5）酒母发酵操作

①落作完成后，酵母进入迟滞期。

② 5h 后，发酵母即进入对数生长期，此时中控值班人员和酒母工要注意观察发酵醪现场变化和品温变化，升温过快或过慢都要进行调节，调节幅度宜小不宜大，要平稳。

③ 12h 后需开头耙，酒母工现场用压缩空气开耙，并注意调节品温。

④头耙后进入主发酵期，确保酒母发酵醪发酵旺盛，注意控制品温。3h 后，二耙由中控用压缩空气开耙。

⑤以后每隔 3～4h 开耙。降温幅度要求在 1～1.5℃幅度小而平稳。五耙后，根据感官品评，调节发酵醪的降温幅度，降温至合理阶段后，保持品温稳定，备用。

（6）理化指标检测

①使用前三角瓶酵母检测指标: 酸度、残糖含量、酵母数、芽生率。

②酒母检测指标: 酒度、酸度、细胞、发芽率、杂菌数、感观。

第二节　发酵设备

传统黄酒主要在陶缸、陶坛中发酵，而机械化黄酒主要在不锈钢或碳钢（内衬防腐涂料）发酵罐中进行酿造，主要设备有前发酵罐、后发酵罐以及 CIP 清洗系统。大型发酵罐的采用为实现自动化控制创造了条件。近年来，黄酒发酵罐还有持续扩大之势：向大型、露天和联合方向发展。目前，一些大型黄酒酿造企业的后发酵罐大多采用碳钢制作，外形为瘦长形。前发酵罐容积已达 70m³，后发酵罐则达到了 130m³。

一、发酵罐的型式及构造

机械化黄酒企业所用的发酵罐通常可分为敞口式和密闭式两种。敞口式（见图6-6）一般体积比较小，采用碳钢（内衬防腐涂料），早期应用比较多，新建企业已一般不采用。密闭式发酵罐的优点是可以防止杂菌感染，便于保温、冷却及控制发酵温度，酒精损失少，可回收 CO_2，发酵率高；缺点是结构较复杂，造价较贵。目前大多数厂用密闭式发酵罐。密闭式发酵罐一般为圆柱形筒身，顶及底部为锥形或半球形，以便于 CO_2 的排出及成熟醪液的排放。密闭式发酵罐如图6-7所示。

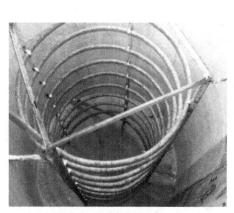

图6-6　敞口式前发酵罐

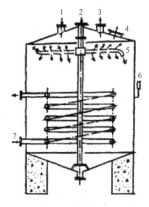

1-料液；2-洗水；3-CO_2；4-人孔；5-旋转洗涤器；6-温度计；7-冷水。

图6-7　密闭式发酵罐结构

在大型发酵罐内安装冷却蛇管或夹套，以利于调节发酵温度。

小型发酵罐通常只采用室温冷却。

发酵罐的上部有顶盖及视镜，可观察发酵罐的表面现象。进料管一般安装在槽的顶部，放料管安装在底部，CO_2 排出器安装在罐顶部。罐内常装有供加热灭菌用的直接蒸汽管。大型的发酵罐的下部都开有人孔，以便工作人员进入罐内清洁及修理。此外，在罐体的上、下段装有温度计及取样器接口。

密闭式发酵罐常由 $6 \sim 8mm$ 厚钢板制成。

发酵罐的洗涤，过去均由人工操作，不仅劳动强度大，而且 CO_2 一旦未彻底排出，工人入罐清洗就会发生中毒事故。近年来，发酵罐已逐步采用水力喷射洗涤装置（见图6-8），从而降低了工人的劳动强度和提高了操作效率。

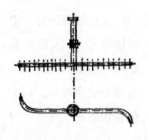

图6-8 水力清洗装置

水力洗涤装置由一根两头装有喷嘴的喷水管组成，两头喷水管弯有一定的弧度。喷水管上均匀地钻有一定数量的小孔，呈水平安装，喷水管借活络接头和固定供水管相连接。它是借两头喷嘴喷出水流的反作用力，使水管自动旋转，在旋转过程中，喷水管内的洗涤水由喷水孔均匀喷洒在罐壁、罐顶和罐底上，从而达到水力洗涤的目的。对于 $120m^3$ 的发酵罐，可采用直径36mm、厚3mm的喷水管，管上开30个直径4mm的小孔，两头喷嘴直径9mm。

二、发酵罐的主要计算

1. 发酵罐的基本尺寸

发酵罐的总体积 V（m^3）：

$$V = \frac{V_1}{\eta}$$

式中：V_1——发酵罐内醪液的体积（m^3）；

　　　η——装填系数，$\eta=0.80 \sim 0.88$。

发酵罐各部分尺寸的比例关系：

$$H=(1.1 \sim 1.5)D$$

$$h_1=(0.1 \sim 0.3)D$$

$$h_2=(0.08 \sim 0.1)D$$

式中：H——发酵罐圆柱部分的高度（m）；

　　　D——发酵罐的直径（m）；

　　　h_1——发酵罐底部圆锥部分的高度（m）；

　　　h_2——发酵罐顶部的高度（m）。

发酵罐底部圆锥部分的面积 $F_锥$（m^2）：

$$F_锥 = \pi \cdot r\sqrt{r^2 + h^2}$$

式中：r——发酵罐底部圆锥部分的半径（m）；

　　　h——发酵罐底部圆锥部分的高度（m）。

发酵罐顶部半球形部分的面积 $F_球$（m^2）：

$$F_球 = \pi\left[\left(\frac{D}{2}\right)^2 + h^2\right]$$

式中：h——发酵罐顶部半球形部分的高度（m）。

2. 发酵罐数量

发酵罐数量间歇式发酵时发酵罐数量 N 为：

$$N = \frac{n \cdot \tau}{24} + 1$$

式中：τ——发酵罐周转时间（h）；

　　　n——每天使用发酵罐数量；

　　　1——备用发酵罐数量。

3. 冷却面积

发酵罐所需的冷却面积取决于维持发酵罐温度不超过某一规定

的数值。发酵罐内所交换的热量主要是发酵过程中产生的热量，所需冷却面积 F（m^2）可按下式计算：

$$F = \frac{Q}{K \cdot \Delta t_m}$$

$$Q = Q_1 - (Q_2 + Q_3)$$

式中：Q——冷却面积的传热量（kJ/h）；

$\quad$ Q_1——发酵最旺盛时每小时放出的总热量（kJ/h）；

$\quad$ Q_2——通过发酵罐壁向周围空间辐射损失的热量（kJ/h）；

$\quad$ Q_3——CO_2 带走及蒸发损失的热量（kJ/h）；

$\quad$ Δt_m——平均温差（℃）；

$\quad$ K——传热系数 [kJ/($m^2 \cdot h \cdot$ ℃)]。

第三节　前发酵罐

机械化黄酒发酵罐已向大型化和露天罐方向发展。浙江古越龙山绍兴酒股份有限公司于 1997 年投产的机械化黄酒车间前发酵罐的容积为 35m^3，后发酵罐的容积为 125m^3。发酵罐的大型化，使产品质量均一化、生产合理化，并降低了主要设备的投资费用。

前发酵罐一般采用瘦长的圆柱体锥底罐，它有利于醪液对流和自动开耙。罐体圆柱部分的直径 D 与高度 H 之比约为 1:2.5。材料采用不锈钢板或碳钢加涂料。后者涂料前一般先涂环氧树脂，虽成本较低，但随着生产时间的延长，由于压缩空气开耙时的不断摩擦碰撞,涂层破坏后,铁离子会溶入酒中,影响酒质。现在一般采用 T-541 涂料，牢固度大大增加。发酵罐进料口一般采用焊接封头、小口可密闭式口型，发酵时敞开，压缩空气输送醪液时密闭。冷却方式有内列管冷却、外夹套冷却和外围导向槽钢冷却等。图 6-9 所示为普通前发酵罐及发酵室。

图6-9 普通前发酵罐及发酵室

现代密闭式前发酵罐的分类如下。

（1）按罐型不同，可分为瘦长型和矮胖型两种。瘦长型的罐，直径与高度之比一般为1:2.5左右。它有利于液体对流，使发酵醪上下翻腾，目前较为普遍。

（2）按罐口型不同，可分为直筒敞口式和焊接封头小口可密闭式两种。如采用压缩空气输送醪液，应采用后者。

（3）按冷却方式不同，可分为内列管冷却式、外夹套冷却式和外围导向槽钢冷却式三种。外夹套冷却式的冷却面积极大，冷却的速率较高，但冷却水利用率不高。也可采用三段夹套式，分段装进水与出水管，以按照罐体的上、中、下三段不同控温要求使用冷却水。

目前趋向于采用外围导向槽钢冷却。其优点是能合理使用冷却水，但冷却面积比夹套冷却减少，冷却的速率也要低一些。图6-10为现代密闭式前发酵罐及发酵室。

瘦长型外围导向槽钢冷却式前发酵罐的结构如下。

（1）容积为15m³，其中酒醪容积为13m³。

（2）数量为20只（每只投大米4t，前发酵时间4天，灭菌周转1天）。

图 6-10　现代密闭式前发酵罐及发酵室

（3）材质为 4mm 的 304 不锈钢板。

（4）筒体直径 2000mm，高 4500mm，锥高 600mm。

（5）外围冷却槽钢选用 A3 钢、8 号槽钢。

（6）外围冷却分上、下两段，共 23 圈，冷却面积 9.8m²。

（7）冷却水进口管内径为 25.4mm。

（8）冷却水出口管内径为 38.1mm。

（9）压缩空气管进口内径为 12.7mm。

（10）压力试验为罐内压 0.196MPa，保压 15min；槽钢内压 0.588MPa，保压 15min。

（11）前发酵罐保温采用钙塑泡沫板加铅丝六角网再涂轻体石棉泥制成的保温层，以避免冷却水浪费。

此外，尚需制作 1 只耐压盖，为 20 只罐所公用，压料时可紧固在罐口上，用以压料。

前发酵结构如图 6-11 所示。图 6-12 为前发酵罐未加保温层的实物图。

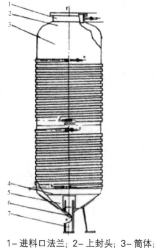

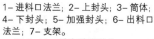

1– 进料口法兰；2– 上封头；3– 筒体；
4– 下封头；5– 加强封头；6– 出料口
法兰；7– 支架。

图 6–11　前发酵罐结构

图 6–12　未加保温层的前发酵罐

第四节　后发酵罐

后发酵罐采用不锈钢板或碳钢板内加涂料，形状都为瘦长型。后发酵罐的容量设计，目前国内有两种：一种是将两罐前发酵罐醪合并于一只后发酵罐中，后发酵罐的容积应比前发酵罐大一倍；二种是 4 只前发酵罐醪合并于 1 只后发酵罐中，使前、后发酵罐容积之比达 1:4。后者比前者提高了土地利用率，降低了设备造价，首先于 1997 年在浙江古越龙山绍兴酒股份有限公司年产 2×10^4kL 黄酒的机械化黄酒车间得到采用。同时，该车间还将后发酵室内的空调控温改为露天罐发酵。露天罐采用夹套冷却，克服了原后发酵室空调冷却没有针对性的缺点，可对不同的发酵罐分别采用不同的温度，有效控制后发酵的发酵过程，并大大降低冷却能耗。图 6–13 为后发酵露天罐。图 6-14 为后发酵醪液自动输送管道。

图 6-13　后发酵露天罐

图 6-14　后发酵醪液自动输送管道

后发酵罐一般采用碳钢板制作，钢板厚度为 6 ～ 8mm（15m³ 罐为 6mm，30m³ 罐为 8mm）。型式有矮胖型（见图 6-15）和瘦长型，大多采用瘦长型。瘦长型后发酵罐的结构与前发酵罐基本一致。

目前，有人提出，前发酵和后发酵可合为一体，采取"一酵到底"的形成，即在一只罐中发酵，直至成熟，不要分前发酵罐和后发酵罐。但这种想法在实践中会遇到两个问题：第一个问题是落饭溜槽距离

图6-15 矮胖型后发酵罐

加长。因为前发酵罐只有20个罐，后发酵罐有80个罐（每天投料前发酵4罐，后发酵以20天计，则为80个罐），按摆成30m长、30m宽的罐群计算，前发酵的溜槽长度达22m。显然，这么长的溜槽不易制作，也使米饭在空气中的染菌机会增多，且饭粒也容易回生老化，是不可取的。第二个问题是黄酒发酵的关键在于前发酵，为了集中精力管好前发酵，前发酵罐不宜分散，而应集中排列，以利管理。因此，还是分前、后发酵罐为宜。

后发酵罐的控温有三种形式：一是内列管冷却，降低醪液中心温度的速率较快；二是外围导向槽钢冷却，为了迅速降低醪液中心位置的温度，应与压缩空气搅拌相配合；三是将整个后发酵间安装空调设备，控温效果好，但制冷量大，成本较高。目前，大型露天式后发酵罐主要采用外围导向槽钢冷却系统进行控温。

综上所述,对后发酵罐可以采用与前发酵罐同样的罐形和结构,也可以采用大于前发酵罐一倍或多倍的容积。后发酵罐的罐口直径可以比前发酵罐小一些。

第五节　发酵操作

一、工艺流程

饭、水、麦曲落罐→前发酵→压罐→后发酵

二、操作方法

发酵是酿造黄酒最重要的工序,要保证醪的发酵顺利完成,发酵工必须对以下几点进行控制。

1. 清洗

(1)前发酵罐在使用前必须清洗干净,排尽余水。必要时也可消毒灭菌。

(2)前发酵罐使用完毕后,必须及时冲洗罐壁内残留的酒醪,必要时再经 0.1MPa 蒸汽灭菌 30min。

2. 落料

(1)落料前应重点检查酒母质量,杜绝不合格酒母投入使用。

(2)时时检查落罐情况,监督和督促蒸饭工控制落罐品温达到工艺要求,发现异常及时做出预防措施。

(3)要求落料温度控制在 24 ～ 28℃(根据气温自行调节),投料后物料整体品温要求控制在 25℃左右。

3. 前发酵

米饭蒸好后,与熟麦曲、生麦曲、酿造水、酒母等按比例经米饭输送泵输送至前发酵罐;启动发酵程序(见图 6-16),设定开耙时间、开耙温度和冷却时间等，自动控制前发酵过程。

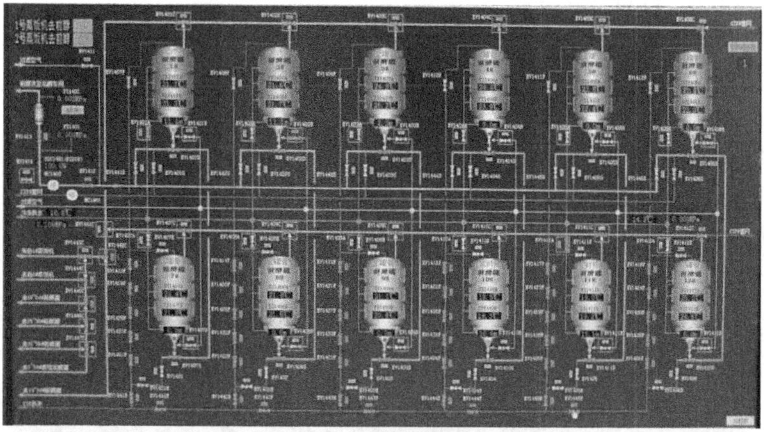

图 6-16　前发酵自动控制界面

（1）第一耙后温度要求在 28～30℃，之后要求主酵温度升至 32℃左右（根据原料情况、酒质要求等其他实际状况自行调节）。

（2）开耙操作应具备一听、二嗅、三尝、四摸的经验。

①一听：仔细倾听发酵罐中的醪液发酵声，以分辨发酵强度。

②二嗅：嗅酒香是否纯正，了解黄酒发酵是否正常。

③三尝：尝发酵醪，酒精的辣味、糖化的甜味、发酵液的鲜味及酸味强弱等。

④四摸：摸发酵醪，掌握发酵情况及是否要调节品温进行开耙。

（3）在发酵过程中必须密切注意发酵情况，保持品温在工艺要求范围内，做到发酵正常、老嫩适中。

（4）主发酵结束后第四天，即可将醪压入后发酵罐继续糖化和发酵，使酒成熟，其中温度控制在工艺要求范围内。

4. 后发酵

前发酵结束后，自动运用泵送前发酵醪至指定后发酵罐，按照罐号排序，连续压罐，启动发酵程序（见图 6-17），设定温度、冷却时间，进行后发酵。

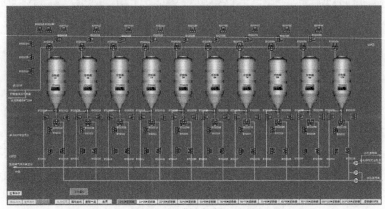

图 6-17 后发酵自动控制界面

（1）根据后发酵期酵母作用情况，视发酵醪的成熟程度控制温度和发酵期。必要时需开冷冻降温。

（2）后发酵期间应间断用压缩空气开冷耙，使品温上下一致，以充分利用淀粉，同时排出 CO_2、杂气，抑制杂菌繁殖生长，控制酸度上升。

（3）发酵成熟后及时进行开榨。

5. 理化指标检测

（1）检测项目：酒精度、酸度、糖度。

（2）检测频率：1 天、5 天、15 天、榨前。

三、前发酵中控流程

前发酵中控作业流程见图 6-18。

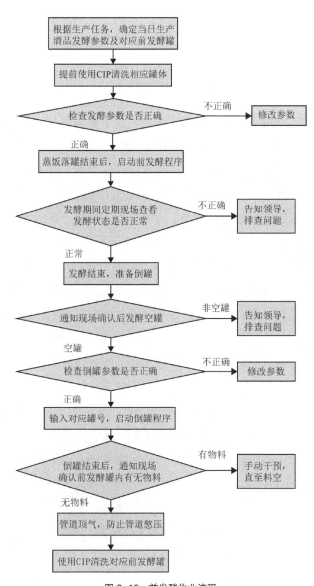

图 6-18　前发酵作业流程

第七章

黄酒压滤设备

压滤机是传统的固液分离设备之一。中国早在公元前100多年汉朝淮南王刘安发明豆腐时就有了最原始的压滤机。改革开放以来，压滤机在滤板材质、结构形式、高效能过滤介质、分离效率、自动化水平、功能集成、产品质量和可靠性方面发展迅速，与欧洲发达国家产品的性能差距越来越小。尤其是近十年来，高压隔膜压滤机的研发成功，使得我国压滤机的生产数量跃居世界第一。

近年来，国家对各行各业的环境保护和资源利用要求越来越高，大力提倡节能减排、清洁生产、绿色制造。压滤机作为环保应用领域的主要使用设备，化工、冶金、煤炭、食品等行业的重要工业装备和后处理设备，市场需求预计将会有较大幅度的增长。

板框式压滤机出现后，又陆续出现了厢式压滤机、厢式隔膜压滤机等，进一步推动了黄酒的过滤、压榨技术的发展。它们虽然较过去传统的木榨等过滤手段有了质的飞跃，但自身仍存在许多缺陷。如由于过滤板采用的是铸铁材料,造成酒液中含铁量较多,酒液混浊、沉淀，影响了酒的储存；另外，滤饼含水较多、过滤速度慢都影响了过滤效果。

第一节 压滤机类型

一、全自动压滤机

黄酒全自动压滤机是一种压榨脱水设备（见图7-1）。它采用液压压紧、自动保压、隔膜充气压榨，是专为酿酒行业开发的新产品，具有滤布不易损坏、密封性能好、滤饼含液量低、操作方便、生产效率高等特点。

图 7-1 全自动压滤机

图 7-2 压榨过滤机

黄酒 / 糯米酒压榨过滤机（见图 7-2）是出汁率高、挤压最干净的压滤机，也适合于酒类生产的固液分离或液体浸出工序，是资源回收和环境治理的理想设备。

其特点有：①与传统的脱水设备相比，具有连续生产、处理能力大、脱水效果好的特点。②结构科学合理，自动化程度高，劳动强度低，操作维修方便。③主要部件采用不锈钢制作，具有良好的防腐性能。④挤压辊全部（包括端板）包胶，保证了挤压脱水的效果和延长滤带的使用寿命。⑤采用独特的网带张紧、调偏机构，灵活可靠，保证自动正常运行。⑥设计独特的浓缩一体化大大提高了脱水效果，并使滤饼剥离好。⑦配套设备和系统配套工艺合理先进，化学剂二次利用，用量少，成本低。

二、双螺旋式压滤机

双螺旋式压滤机（见图 7-3）为可移动双螺旋连续式压滤机，又名连续式螺旋压滤机。它与物料接触的材料均为优质耐酸碱不

图 7-3 双螺旋式压滤机

锈钢，适用于黄酒、糯米酒、含纤维较多的水果和蔬菜的汁液榨取，是中小型果蔬汁或果酒生产企业的必备设备之一。

该机由机架、传动系统、破碎系统、进料部分、榨汁部分、液压系统、护罩、电气控制部分等组成。压榨螺旋与主轴一起旋转，物料输送螺旋套在主轴上，与压榨螺旋做反向旋转。液压系统由柱塞式油泵提供压力油，通过压力可调式溢流阀控制液压系统压力的高低；两个油缸固定于尾部支承座，通过活塞杆伸出控制物料出口的大小，排渣的干湿可根据要求随时控制（1.5T 双螺旋压滤机由手动调节压力，无液压系统）。

破碎式压滤机为可移动双螺旋压滤机，它是在 1.5T 压滤机基础上，根据客户需要，经技术研制开发，在进料箱口处加配一套破碎式挤压辊，使物料先破碎后压榨，更好地提高榨汁效果，特别适合于大枣、杏、梨等水果汁液榨取。

双螺旋式压滤机的工作过程是：输送螺旋将进入料箱的物料推向压榨螺旋，通过压榨螺旋的螺距减小和轴径增大，并在筛壁和锥形体阻力的作用下，使物料所含的液体物（果汁）被挤压出。挤出的液体从筛孔中流出，集中在接汁斗内。压榨后的果渣，经筛筒末端与锥形体之间排出机外。锥形体后部装有弹簧，通过调节弹簧的预紧力和位置，可改变排渣阻力和出渣口大小，调节压榨的干湿程度。

本机的进料箱和筛筒及螺旋均采用优质耐酸碱 304 不锈钢材料制成。

三、板框式压滤机

黄酒行业已普遍采用板框式气囊压滤机。其最大缺点是间断式压榨，卸糟劳动强度大，每台压滤机的占地面积也较大。开发连续板框式压滤机（见图 7-4）是黄酒生产向高效率发展的一个关键工序。

压滤机由于适应性很强，因此从 20 世纪中叶以来，便广泛地应用于黄酒行业。但是过去由于采用手工操作，工人劳动强度大，效率不如连续式真空压滤机高。

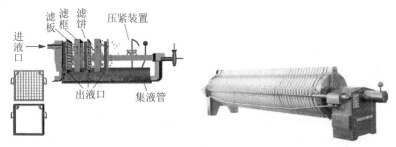

图 7-4　板框式压滤机

1958 年，全自动压滤机研制成功了。从此以后，压滤机逐渐发展成为成熟又完善的基本压滤机机种。现代的压滤机分为滤布行走型、滤布固定型，或卧式、立式，其中，又以凹板型结构最多。由于近代压滤机的操作是自动进行的，加上有了压榨隔膜，压滤机的应用领域更广了。现在大型压滤机的滤室数为 200 个，过滤面积达 1400m^2。国外还研制了一种全聚丙烯的压榨用凹板，用来代替带有橡胶膜的凹板。

四、厢式压滤机

厢式压滤机由滤板排列组成滤室（滤板两侧凹进，每两块滤板组合成一厢形滤室）；滤板的表面有麻点和凸台，用以支撑滤布；滤板的中心和边角有通孔，组装后构成完整的通道，能通入悬浮液、洗涤水和引出滤液；滤板两侧各有把手支托在横梁上，由压紧装置压紧滤板；滤板之间的滤布起密封作用。

在输料泵的压力作用下，将需要过滤的物料液体送进各滤室，通过过滤介质（根据行业选择合适的滤布），将固体和液体分离。

在滤布上形成滤渣，直至充满滤室，形成滤饼。滤液穿过滤布并沿滤板沟槽流至下方出液孔通道，集中排出。过滤完毕，可通入洗涤水洗涤滤渣。洗涤后，有时还通入压缩空气，除去剩余的洗涤液。过滤结束后，打开压滤机卸除滤饼（滤饼储存在相邻两块滤板间），清洗滤布，重新压紧滤板，开始下一工作循环。

厢式压滤机被广泛地用于澄清过滤。滤饼的自动卸除是个主要问题。目前采用的卸料方法有气流反吹卸料法、压力水冲洗卸料法、离心力卸料法以及振动卸料法。

现在垂直滤叶型厢式压滤机的过滤面积已达 $100m^2$ 以上。此外，在厢式压滤机上也采用了滤饼压榨机构。例如，英国 OMD 压滤机是在水平圆筒内装有垂直圆形滤叶组的厢式压滤机，通过悬垂着的压榨用橡胶膜对生成的滤饼进行压榨脱水，特别适用于啤酒工业和各种化学工业。

另外一种型式的厢式压滤机是水平滤叶型厢式压滤机。其过滤方法虽与垂直滤叶型完全相同，但是在卸料方法和残液处理方面都有了许多改进。在所有厢式压滤机中，以水平滤叶型革新最多。其中又以瑞士芬达压滤机最负盛名。以前，厢式压滤机都是间歇操作的，近来出现了连续操作的垂直滤叶型厢式压滤机。

五、隔膜式压滤机

1. 隔膜式压滤机概述

隔膜式压滤机（见图 7-5）是滤板与滤布之间加装了一层弹性膜的压滤机。使用过程中，待入料结束，可将高压流体或气体介质注入隔膜板中，整张隔膜就会鼓起并压迫滤饼，进而实现滤饼的进一步脱水。这就是通常讲的压榨过滤。隔膜式压滤机具有压榨压力高、耐腐蚀性好、维修方便、安全可靠等优点，广泛用于各种悬浮液的固液分离，适用于医药、食品、化工、环保、水处理等领域。

图 7-5　隔膜式压滤机

目前，隔膜式压滤机的销量不断增加，这表明了市场对隔膜式压滤机的认可，其根本原因就是这种类型的压滤机具有独特的优势。

2. 隔膜式压滤机的工作原理

隔膜式压滤机与普通厢式压滤机的主要不同之处在于滤板与滤布之间加装了一层弹性膜。其工作原理如下。

先进行正压强压脱水，也称进浆脱水，即一定数量的滤板在强机械力的作用下被紧密排成一列，滤板面和滤板面之间形成滤室，过滤物料在强大的正压下被送入滤室，进入滤室的过滤物料的固体部分被过滤介质 (如滤布) 截留，形成滤饼，液体部分透过过滤介质而排出滤室，从而达到固液分离的目的。随着压强的增大，固液分离更彻底，但从成本方面考虑，过高的压强不划算。

进浆脱水之后，在配备了橡胶挤压膜的压滤机中，压缩介质 (如气、水) 从挤压膜的背面推动挤压膜，挤压滤饼，使其进一步脱水，叫挤压脱水。进浆脱水或挤压脱水之后，压缩空气进入滤室，从滤饼的一侧透过滤饼，携带液体水分从滤饼的另一侧透过滤布，从而使滤饼脱水，叫风吹脱水。若滤室两侧都敷有滤布，则液体部分均可透过滤室两侧的滤布排出滤室，为滤室双面脱水。

脱水完成后，解除滤板的机械压紧力，逐步拉开滤板，分别敞开滤室进行卸饼。

根据过滤物料性质不同，压滤机可分别设置进浆脱水、挤压脱水、风吹脱水或单双面脱水，目的就是最大限度地降低滤饼水分含量。在压力的作用下，滤液透过滤膜或其他滤材，经出液口排出，滤渣则留在滤框内形成滤饼，从而实现固液分离。

3. 隔膜式压滤机的技术特点

隔膜式压滤机最大的优势就是对滤饼含水率的处理。隔膜式压滤机最大的特点就是在每一次间隙循环中，当设置中滤饼达到设计的分量时，停止进料过滤，它不会马上拉开滤板进行卸料，而是将滤板膨胀起来，进行对滤饼的二次挤压。

由于隔膜压滤机的滤板采用的是两层拼合而成的空心结构，而且中间存储两块滤板，能承受很高的压力。只要向其中通入膨胀介质(一般情况下为抗压液压油)，滤板就会膨胀起来，然而由于过滤室的空间是固定了的，当滤板的所占空间增大了，自然滤饼的空间就会减小，这样就会造成滤饼中更多的水分和不稳定的水结构物被压出来，造成滤饼的水分流失，也就是说：滤饼缩小的体积是通过减少水分来实现的。这样就造成了隔膜式压滤机过滤后的滤饼含水率更低。厢式压滤机过滤后的滤饼一般含水率为 18% 左右，板框式压滤机的为 20% 左右，而隔膜式压滤机一般都能控制在 12%，最低的时候可以控制到 9% 左右。

4. 隔膜式压滤机的优点

隔膜式压滤机在单位面积处理能力、降低滤饼水分、对处理物料的性质的适应性等方面都表现出显著的效果，已被广泛应用于存在固液分离的各个领域。由于黄酒压滤机是采用隔膜充气压榨，所以相比较于别的压滤机，隔膜式压滤机有着更独特的优点：

（1）它采用低压过滤，高压压榨，可以大大缩短过滤周期。

（2）采用 TPE 弹性体，最大过滤压力可以达到 25MPa，从而使含水率大大降低，节省烘干成本，提高收率。

（3）节省操作动力，在过滤后期，流量小，压力高。

（4）隔膜压榨功能，在极短的时间完成这一段过程，节省了功率消耗。

（5）提升泥饼干度，降低泥饼含水率，隔膜压榨对静态过滤结束后的滤饼进行二次压榨，使滤饼的结构重排、密度加大，从而置换出一部分水分，提高了干度。

（6）抗腐蚀能力强，基本适用于所有固液分离作业。

（7）可配置 PLC 及人机界面控制。

（8）隔膜滤板具有抗疲劳、抗老化、密封性能好等特点。

第二节　滤板与滤布

一、压滤机隔膜滤板

一般隔膜滤板能满足高效脱水的过滤工艺要求，能达到令人满意的过滤效果，并能保障压滤机的负荷运行。隔膜滤板为隔膜镶嵌在基板内框，可不受压紧压力的影响，被称为膜片可换式组合膜板，具有抗疲劳、抗老化、密封性能好等特点。

隔膜滤板的目的：在进料过程结束后，通过对滤饼进行压榨，来提高整机的脱水效率，增加滤饼的干度，减少污染和减小劳动强度，可免去干燥工艺。隔膜滤板的滤饼洗涤性能优良，并可在压榨前和压榨后增加吹风操作，进一步降低滤饼含水率和节约洗涤水。隔膜滤板最大规格为 2000mm × 2500mm，过滤压强为 1.2MPa，规格齐全，能适应多种固液分离场合。

隔膜滤板多是增强聚丙烯滤板，采用点状圆锥凸台设计，模压成型，过滤速度快，滤饼脱水率高，洗涤均匀彻底，防腐及密封性能好。压滤机滤板多为厢式滤板。

板框式压滤机的滤板、滤框（见图7-6）一律采用高强度聚丙烯材料一次模压成型，强度高，质量轻，耐腐蚀，耐酸碱，无毒无味。

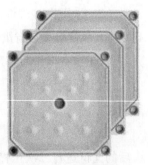

图 7-6　滤板与滤框

增强聚丙烯滤板化学性能稳定，抗腐蚀性强，耐酸、碱、盐的侵蚀，无毒、无味，质量轻，力学性能好、强度高（耐高温、高压），操作省力。

隔膜滤板分橡胶隔膜滤板与塑料（合金）隔膜滤板两种，耐高压（水压或气压），鼓膜效果好，压榨效果明显，能大大缩短过滤周期，降低滤饼含水率。

滤板、滤框材料：天然橡胶、增强聚丙烯（根据材料性质、操作压力、工作温度选择合适材料的隔膜）。

进料位置：角进料、中心进料（上、下）。

隔膜板结构：隔膜镶嵌。

隔膜表面：圆弧形凹凸点。

规格：最小规格 400mm×400mm，最大规格 2000mm×2500mm。

二、黄酒滤布

针对不同行业，不同过滤物料的固液分离情况，配置适合的滤布。黄酒滤布的选择对过滤效果的好坏起到关键作用。在压滤机使用过程中，滤布是固液分离效果的直接影响因素。其性能的好坏、选型的正确与否直接影响过滤效果。目前所使用的滤布中，最常见的是合成纤维经纺织而成的滤布。其根据材质的不同，可分为涤纶滤布、丙纶滤布、锦纶滤布、维纶滤布、单丝滤布、单复丝滤布等几种。

为了使截留效果和过滤速度都比较理想，在滤布的选择上，还需要根据料浆的颗粒度、密度、化学成分、酸碱性和过滤的工艺条件等来确定。

第三节 压滤机的操作方法

目的：把酒从醪液中分离出来。

设备：φ1000mm 暗流式全自动黄酒专用压滤机（见图 7-7）。

原理：醪液通过泵与管道，流入压滤机，当压滤机压强达到设定值（一般为 0.4MPa）后，进料阀自动关闭，同时打开压料阀（压缩空气，压强 0.6MPa），酒液在压缩空气的作用下，通过内置暗流通道流入澄清罐。

图 7-7　暗流式全自动黄酒专用压滤机

一、榨酒

1. 作业流程

榨酒作业流程见图 7-8。

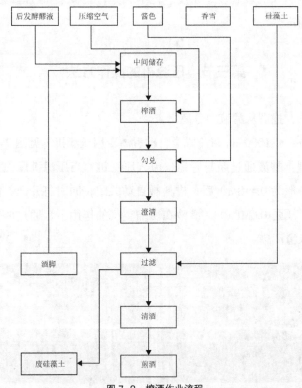

图 7-8　榨酒作业流程

注：①关键控制点为勾兑。要求勾兑好的清酒理化指标与感观指标符合内控要求。
②关键设备为酱色罐与酱色泵。

（1）榨酒负责人根据化验室提供的检测数据，进行后发酵醪液的搭配，完成初步勾兑，以减少清酒勾兑工序中的工作量。

（2）根据后发酵醪液的发酵情况，确实需要改变工艺（或参数）的，榨酒负责人应报车间主任批准后调整。

（3）榨酒负责人在安排好当天要榨的后发酵罐后，需告知榨酒人员。榨酒人员应去观察后发酵罐的液位，并采取相应措施处理，严防后发酵翻气作业中醪液冲出罐体。

（4）榨酒负责人应调度好卸糟、轧糟的工作安排，并告知榨酒人员。

（5）当班的榨酒人员应根据榨酒负责人的安排，将相应的后发酵罐用气翻匀后，打入中间储罐，并通知计算机控制人员编排好压进榨酒机的先后次序。

（6）当班榨酒人员应随时观察榨酒机的卸糟、进料与压料情况。若发现榨酒机配件损坏、喷料等异常情况，应当即采取措施，并根据情况的轻重缓急进行相应汇报，中班、夜班不能处理的异常情况，应以书面形式通知日班，日班应将处理结果告知中班、夜班。

（7）当班榨酒人员应对换下的榨酒配件及时进行清洗与更换。

（8）榨酒人员应做好设备的维护与保养工作，并参与设备的维修工作。

2.工艺参数及质量要求

（1）东风黄酒、元红酒、加饭酒压榨时间为 16h，善酿酒压榨时间为 32h，香雪酒为 32h。如指标高于常规，可适当延长压榨时间。

（2）压榨时压缩空气压强控制在 0.55～0.75MPa。

（3）压榨时榨酒机封头压强控制在 ≥ 1.0MPa。

（4）东风黄酒、元红酒、加饭酒、香雪酒板糟残酒率 ≤ 48%，善酿酒 ≤ 50%。

（5）酒脚比例 ≤ 8%。

3.环境卫生及安全要求

（1）后发酵罐醪液输完后，应用 CIP 系统冲洗，冲洗液需排入污水管网。后发酵地面应保持清洁。

（2）所用工具应保持清洁，与食品直接接触的需符合食品卫生要求，定位放置。

（3）操作人员进入车间后，应穿戴工作服，严禁穿拖鞋或赤脚。

（4）在进行换板操作时，必须4人以上工作，并注意观察，严防安全事故发生。

（5）在作业过程中，要严格按安全规定操作，严防安全事故发生。

二、卸糟

1. 作业流程

（1）根据榨酒值班员安排进行卸糟作业。榨酒值班员应告知卸糟开始时间、榨酒机号等相关信息。

（2）必须等榨酒机黄灯亮 5min 后才能开始卸糟操作。

（3）卸糟开始前需将放气管阀门关闭，卸糟结束后要及时打开。

（4）卸糟采用自动控制，除自动控制装置出故障外，严禁采用手动卸糟。

（5）卸糟时要注意观察进气、进料、流酒的橡皮圈及滤布状况，有损坏的要及时换掉，特别是对于亮红灯的榨机一定要找到原因，如无法处理，应通知榨酒人员。

（6）换滤板时应告知榨酒值班员，并在至少有4人时操作，操作时地面上要垫上旧橡皮板。

（7）要随时观察输糟车的运行状况，发现异常时应立刻按下急停按钮，并向榨酒值班员汇报。

（8）卸糟结束后应顶紧封头板，如到不了规定的压力，应向榨酒值班员汇报。

（9）轧糟人员应根据榨酒值班员的指令加入相应比例的大糠。

（10）轧糟人员在开动运输机、轧糟机后，应密切关注设备运输状况与碎糟质量，做好加入大糠比的微调工作。

（11）轧糟人员应协助驾驶员做好装车工作。

（12）扎糟人员做好设备的维护保养工作，并参与设备的维修工作。

2. 工艺参数及质量要求

（1）顶紧榨酒机时，榨酒机封头压强 ≥ 1.0MPa。

（2）喷料现象的发生概率 ≤ 5%。

（3）碎糟中直径 ≥ 3cm 糟块的含量 < 5%。

3. 环境卫生及安全要求

（1）应保持榨酒车间与榨酒设备、轧糟车间与轧糟设备的洁净，符合食品卫生法的相关规定。

（2）所用工具应保持清洁，与食品直接接触的需符合食品卫生要求，定位放置。

（3）污水应排入污水管网。

（4）每星期进行一次洗榨作业，如确实需要，可以缩短间隔时间。

（5）操作人员进入车间后，应穿戴工作服，严禁穿拖鞋与赤脚。

（6）在进行换板操作时，必须4人以上工作，并注意观察，严防安全事故发生。

（7）在作业过程中，要严格按安全规定操作，严防安全事故发生。

第四节　节能高效快速压滤机

一、结构及工作原理

节能高效快速压滤机是集机、电、液于一体的先进分离机械设备。它主要由五大部分组成：机架部分、拉板部分、过滤部分、液压部分和电气控制部分，其结构见图 7-9。（注：还可根据用户需求增加接液盘、翻板、储泥斗、水洗系统、滤布曲张和振打系统等。）

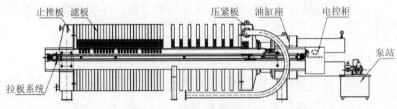

图 7-9　节能高效快速压滤机结构

1. 机架部分

机架是整套设备的基础，主要用于支撑过滤机构和拉板机构，由止推板、压紧板、机座、油缸体和主梁等连接组成。支撑过滤机构的主梁的材质是 Q345 桥梁钢及 H 型钢，具有机械强度高、抗拉强度大等特点；止推板、压紧板和机座均采用 Q345 中板焊接而成；而油缸体采用优质 27SiMn 无缝钢管加工制造；活塞杆材质为 45# 钢，调质处理后外镀 0.06 硬铬；密封圈用四氟铜加工制作。设备工作运行时，活塞杆推动压紧板，将位于压紧板和止推板之间的滤板、隔膜板及过滤介质压紧，以保证带有一定压力的滤浆在滤室内进行加压过滤。

2. 拉板部分

拉板系统由变频电机、拉板小车、链轮、链条等组成，在 PLC 的控制下，变频电机转动，通过链条带动拉板小车完成取、拉板动作。此系列压滤机的特点就是拉板过程是分组拉开的，若干块滤板用短链相连，第一组板由压紧板松开过程拉开，以后都由拉板小车分组依次拉开，运动平稳，动作可靠，卸料效率成倍提高。除程序控制外，还可手动控制，能随时控制拉板过程中的前进、停止、后退动作，以保证卸料的顺利进行。

3.过滤部分

过滤部分是由整齐排列在主梁上的滤板、隔膜板和夹在滤板之间的过滤介质所组成的。增强聚丙烯滤板机械性能良好，化学性能稳定，具有耐压、耐热、耐腐蚀、无毒、质量轻、表面平整光滑、密封性好、易洗涤等特点。过滤开始时，滤浆在进料泵的推动下，经止推板的进料口进入各滤室内，滤浆借助进料泵产生的压力固液分离，在过滤介质（滤布）的作用下，固体留在滤室内形成滤饼，滤液由水嘴或出液阀排出。若滤饼需要洗涤，可由止推板上的洗涤口通入洗涤水；若需要含水率较低的滤饼，可从洗涤口通入压缩空气，透过滤饼层，吹出滤饼中的一部分水分。

4.液压部分

液压部分是主机的动力装置，在电气控制系统的作用下，通过油缸、油泵及液压元件来完成各种工作，可实现自动压紧、自动补压、自动松开等功能。泵站的主要阀件是采用意大利 ATOS 产品，使用寿命长，功能可靠。

（1）自动压紧

开始压紧时，油泵电机 M2 及电磁换向阀 YV1 得电，电机带动油泵开始向油缸高压腔供油，在油压的作用下活塞杆前进，推动压紧板压紧滤板。当压力达到电接点压力表的上限 BP1（或压力继电器 BP1 设定值）时，电机及电磁换向阀 YV1 失电，电机自动停止运转，进入保压状态，此时系统压力由溢流阀确定。

（2）自动补压

压滤机把滤板压紧后，液控单向阀锁紧回路并保压，电磁换向阀阀芯处于中位。当油压降至电接点压力表下限 BP2（或压力继电器 BP2 设定值）时，PLC 发出信号，电机 M2 及电磁换向阀 YV1 得电，油泵向油缸高压腔供油补压。当压力达到电接点压力表上限 BP1（或压力继电器 BP1 设定值）时，电机 M2 及电磁换向阀 YV1 失电，电机自动停止运转。如此循环，完成自动补压。

（3）自动卸压及松开

当过滤完毕时，电磁球阀 YV0 得电开始卸压，延时 15s 后电磁球阀 YV0 失电（25mL 以下泵站无电磁球阀），电机 M2、电磁换向阀 YV2 得电，电机带动油泵向油缸低压腔供油，活塞杆带动压紧板后退。当压紧板与限位开关 SQ1 相接触时，电磁换向阀 YV2 失电，压紧板停止运动，同时，限位开关 SQ1 发出信号，变频电机拉板系统开始工作。

5. 电气控制部分

电气控制部分是整个系统的控制中心，主要由变频器、PLC、热继电器、空气开关、断路器、中间继电器、接触器、按钮及指示灯等组成。

自动压滤机工作过程的转换是靠 PLC 内计时器、计数器、中间继电器和 PLC 外部的限位开关、压力继电器、电接点压力表、按钮等的转换而完成的。

工作过程可分为卸压、松开、取板、拉板、压紧、保压和补压等，流程如下。

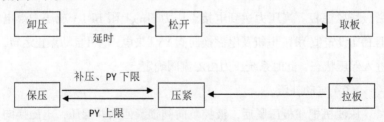

（1）卸压：当进料过滤过程完成后，按"程序启动 SB1"按钮，启动压滤机开始卸料，电磁球阀 YV0 打开，将油缸内的高压油卸掉，以防止压紧板松开时液压系统受冲击（25mL 以下泵站无电磁球阀）。

卸压时间由 PLC 控制，当延时时间达到后，压滤机自动转入压紧板松开状态。

（2）松开：油泵电机 M2 启动，松开阀 YV2 得电，液压站往油缸前腔供油，活塞杆带动压紧板后退，滤室被打开，卸料过程开始。当压紧板接触到限位开关 SQ1 后，压滤机自动转入取、拉板状态。

（3）取、拉板：变频电机 M3 运转，带动小车取板。在取板过程中如果变频器发出过载信号，则转入拉板过程；在拉板过程中，如果变频器发出过载信号，则转入取板过程。此为往复过程。

（4）压紧：取、拉板动作完成后接触到限位开关 SQ2 时，泵站油泵电机 M2 运转，压紧阀 YV1 得电，液压站往油缸高压腔供油，活塞杆带动压紧板前进，从而推动滤板，执行压紧动作。当滤板与止推板相接触时，液压系统压力上升。当达到设定压力上限值时，压滤机自动转入保压状态。

（5）保压：泄漏等原因会使压力逐渐下降，当其下降到压力下限值时，压滤机油泵电机 M2 自动启动，压紧补压，使压力表恢复至上限值。

二、压滤机的操作使用

该压滤机有两种控制方法：手动控制和自动控制。

1. 压紧

首先检查一下油缸上的电接点压力表上限指针是否调至保压范围（缸径在 250mm 以下的 20MPa 以内，缸径在 320～360mm 的 18MPa 以内，下限指针低于上限指针 3MPa）。然后合上空气开关，将旋转开关 SB8 旋至"手动"，然后按下"手动压紧 SB4"按钮，压紧板开始压紧。当压力达到电接点压力表的上限时，电机自动停止运转。

2. 自动保压

电机停止运转后，打开进料口阀门开始进料，但要保证进料压强不可超过 1.0MPa，这时压滤机处于自动保压状态。在进料压力的作用下，滤浆经过过滤介质（滤布）开始过滤。当油缸压力达到电接点压力表的下限时，压滤机会自动补压。

3. 松开

当过滤完成时，按下"手动松开 SB5"按钮，电磁球阀得电（自动保压机型 25mL 泵以下没有电磁球阀），进行卸压，延时 15s 后压紧板自动后退，与行程开关 SQ1 接触后，电机自动停止。

4. 手动取、拉板

按下 "手动取板 SB6"按钮，拉板小车自动取板，取完板之后，再按下"手动拉板 SB7"按钮，拉板小车自动拉板，在此过程中把两块滤板之间的滤饼卸掉。经过小车反复取、拉板，把滤饼卸完，小车回到原位，接触到限位开关 SQ2，取、拉板电机停止运转，这样就完成一个工作循环。（自动保压机型需人工拉板，拉板时注意两侧拉板人员用力要一致，否则易因滤板排列不均，引起主梁弯曲。）当使用自动控制时，将旋转开关 SB8 旋至"自动"位置，再按下"程序启动 SB1"按钮，整个系统将自动完成压紧、补压、卸压、松开、取板、拉板的过程。在取、拉板过程中，按操作面板上的"暂停 SB2"按钮或拉动主梁一侧滑杆接触接近开关 SQ3，即可实现中断、暂停。

第五节　压榨车间中控操作

压榨工段的目的是将酒液与糟粕分离，使酒液清澈、糟粕干燥。其主要包括压榨前的倒罐、进料滤酒、进气压榨和拉板卸糟四个子过程，其中后发酵罐与中间储罐之间的醪液倒罐操作和上一个工段的倒罐基本一致，其他三个子过程的控制流程如图 7-10 所示。

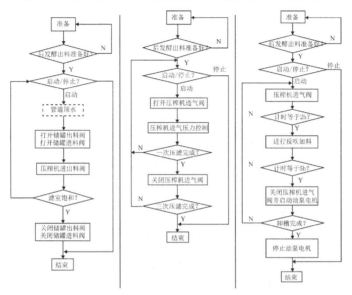

图 7-10　压榨作业流程

1. 进料滤酒

（1）选择中间储罐，第一次进料需要进行顶水操作，清洗管道。如果连续操作，不需要顶水。

（2）整理好压滤机，油泵压紧封头板启动，中间储罐出料阀与澄清罐进料阀开启，疏通醪液出路及压榨液去路，打开压滤机进出料阀，开始向压滤机进料。来自中间储罐 Y-1 的物料通过压缩空气输送至压滤机 Y-2，酒液穿过滤布从流酒管道流出，清澈的酒液流入澄清罐 Y-5。随着不断进料过滤，进料压力持续升高，进料量渐渐减少。

（3）压滤机进料压力达到最大时，继续持续进料 60～90min，使滤室达到最大饱和量，关闭进料阀门与空气排空阀门。结束本次进料滤酒。

2. 进气压榨

（1）进料滤酒后开始进气压榨过程，首先打开压滤机进气阀，打开进气阀，以 0.4～0.5MPa 压缩空气鼓胀橡胶板，进行压滤脱酒。

（2）一般1台压滤机的总进料通过 3 次反复的进料滤酒和进气压滤操作完成，然后进行连续进气压滤，即进料滤酒—进气压榨过程，循环三次结束。

（3）进气压榨结束以后，持续进气压榨 2h，进行一次反吹加料，即打开进气阀将管道残余的醪液吹至滤室，继续进气压榨 3h，完成压榨操作。

3. 拉板卸糟

关闭压滤机进气阀门，启动压滤机油泵电机，松开封头板，开始卸糟。酒糟经带式运输机送至扎糟机进行破碎，卸糟完成以后，关闭油泵，结束卸糟过程。

黄酒灭菌和储存设备

第八章

第一节　煎酒设备

为了便于储存和保管，必须进行灭菌。灭菌俗称"煎酒"，这是黄酒生产的最后一道工序，如不严格掌握，也会使成品变质。"煎酒"这个名称是自古流传下来的，主要指我们祖先根据实践经验，知道要把生酒变成熟酒才不容易变质的道理，因此，采用了把黄酒放在铁锅里煎熟的办法，所以称为"煎酒"，实际的意义主要是灭菌。

灭菌设备类型较多。传统的有用锡壶煎酒的，也有将包扎好的数十坛生酒堆在大石板屋内或大木桶内进行蒸煮，用大铁锅烧水产生的蒸汽来灭菌。上面这些方法效率低，损耗大，已不适合大生产的要求，只有极少数工厂还在继续使用。新中国成立以来，各工厂积极进行研究和改进，先后采用蛇管式（或称盘管式）、列管式、板式热交换器进行消毒灭菌，使黄酒的消毒灭菌从间歇操作变成连续操作。目前比较普遍使用的是列管式热交换器。其优点是造价低，使用蒸汽少，占用场地面积小，但酒的加热灭菌时间短，稍有疏忽会影响灭菌的质量。因此，有的工厂先通过盘管或其他设备利用余热进行预热，延长加热时间，从而保证灭菌质量。

灭菌的操作过程是：经硅藻土过滤机过滤的生酒，用泵输入高位槽，利用位差流入列管式热交换器（见图 8-1）进行灭菌。如有预热设备，则需先流入预热器。灭菌后的热酒应趁热进行灌装。部分工厂还采用高效的薄板式热交换器（见图 8-2）作灭菌设备。

图 8-1　列管式热交换器　　　　　　　图 8-2　薄板式热交换器

下面介绍一种列管式热交换器（以某厂为例，供参考）。这种设备多数工厂是自行加工制作的。

（1）结构。列管式热交换器为卧式热交换器，由钢板卷焊而成。由花板、封头盖、管束等组成，形成一个密封的容器。管内流酒，管外蒸汽，封头盖内分隔成8个小室，每个小室连接 10～11 条管束，盖与花板之间用石棉橡胶垫圈固封，以保证连接的密封性。

（2）主要技术参数如下。

直径 500mm；

长 1400mm；

管束（紫铜管）直径 19mm，厚 1.5mm，长 1400mm；

热交换面积 7m²；

全管束容积 0.024m³；

工作压强 0.049～0.098MPa。

（3）使用效能如下。

每班实际工作 6～7h，产酒 20kL；

出酒温度 85～88℃

另外，正在研究采用微孔滤膜或超滤膜过滤除菌的冷消毒法。这项新技术目前还在试验中，如在生产上获得成功，将是对黄酒设备的一项重大改革。

第二节　装坛设备

将经硅藻土过滤机过滤后的清酒输入自动化酒坛清洗灌装一体机（见图8-3）进行灭菌、灌坛。洗坛和灭菌均在自动化酒坛清洗灌装一体机上自动完成，操作时只需要将酒坛放置在酒坛清洗罐装一体机上即可。

图8-3　自动化酒坛清洗灌装一体机

在此设备上坛处手工放上陶坛后，即自动进行刷坛口、冲洗坛内外壁、蒸汽预热、浸坛上灰、蒸坛灭菌、按坛容量进行灌装并在坛外壁喷印灌装质量这一系列工作。一次上坛后即自动运作，大大减轻了工人的劳动强度。洗坛由清洗刷进行，确保清洗时长，保证了洗坛质量。冲坛用水分三道循环利用，大大节约了用水量。灌装量用液位、称重双重控制，单位精确到千克，并进行喷码。图8-4为装坛后成品。

图8-4 成品

第三节 装坛车间作业流程

一、空坛处理

1. 作业流程

（1）车间主任在每班工作前应向带班班长明确交代当日生产的品种与数量、上一班生产中生产线的运转情况、本班人员与场地安排、本班原辅材料安排等相关事项。做好厂水与自来水阀门的切换工作，并通知厂水供应部门，打开厂水供应泵。

（2）带班班长根据车间主任的指令，进行人员与设备的调配工作。

（3）在生产线开动前，带班班长应对设备、电器、压缩空气、蒸汽、厂水、自来水进行检查，特别关注机械臂与冲洗头，并放好浸泡水与冲洗水。

（4）拉坛人员根据带班班长的指令，到规定的地点拉坛。拉坛时要进行初步挑选，挑出破坛与次坛。装车时要做到轻拉轻放，严防酒坛打破与翻车。对于生产线剔除的次坛与破坛，应及时拉到规定的地点，放好堆齐。

（5）上坛人员根据洗坛人员的指令上坛。坛口有荷叶的，应用钢丝刷刷去。剔除异形坛（过细、过大等机械臂无法夹住的坛）。

（6）洗坛人员打开浸泡水、冲洗水、蒸坛蒸汽阀门后，应时刻关注进行微调，使浸泡水尽可能满、冲洗水压充足、蒸汽压力足够。在开动生产线后，应关注机械臂的运行情况，随时对酒坛位置进行调整，尽可能减少酒坛打破与卡死的情况发生。指挥上坛人员与蒸坛人员的作业，保证生产线的正常运转。

（7）蒸坛人员根据洗坛人员的指令开关冲洗水与蒸坛蒸汽，要经常对循环水箱过滤网进行处理，保证循环水网运行完好、冲洗龙头水压足够高。对浸泡水过滤网，按洗坛人员的指令进行及时清理。生产线停开期间，要及时清理带下的垃圾，做好整个空坛处理系统不锈钢外罩壳与通道的清洁工作。

（8）练石灰人员应使练灰罐液位始终处于规定的高度，当低于规定液位时，应按配方添加。练灰罐的搅拌机要比生产线提早半小时开，并在生产线生产期间保持开动状态，在生产线停后关闭。

（9）灰坛作业由带班班长负责，灰坛槽液位应始终保持在规定的高度，每天日班生产线停止工作后需捞出石灰头。当石灰浆过淡或低于规定液位时，应及时添加。

2. 工艺参数及质量要求

（1）浸泡水应大于酒坛容积的 4/5，温度 ≥ 20℃。

（2）蒸汽压强 ≥ 0.3MPa。

（3）练灰中石灰与水的比例为 1:2（体积比）。

3. 环境卫生及安全要求

（1）作业中产生的碎荷叶、破坛、石灰头等垃圾应及时放入垃圾车中，从过滤网倒出的垃圾应倒入垃圾桶中。

（2）下班前，须将碎荷叶、破坛等在垃圾车及垃圾桶内的垃圾拉到垃圾塘。

（3）保持不锈钢外罩壳与通道清洁，及时处理不合格坛，保证物流通道通畅。

（4）所有工具、车辆应保持清洁并定位放置，与食品直接接触的，应符合食品卫生相关规定。

（5）操作人员进入车间后，应穿戴工作服，严禁穿拖鞋与赤脚。

（6）在作业过程中，要严格按规定操作，严防安全事故发生。

二、包坛口

1. 作业流程

（1）根据带班班长的指令，撕荷叶人员应在生产线开动前将上一班预备好的备用材料（荷叶用铁丝串好，竹壳捆成直径为15～20cm 的小把）用滚水泡好，荷叶泡好后要撕好（一般1张好的、正常大小的荷叶撕成4张），撕前必须剔除破的、水未泡到的、小的、虫蛀的、红茎过粗的荷叶，要逐张撕，严禁多张一起撕，撕好的荷叶要堆放整齐有序。生产线开动后，继续以上操作，直至本班够用，同时要为下班做好材料的预备工作（够3h 用的材料）。撕荷叶人员应及时将生产线上发现的漏酒倒入回收桶内，并用泵将之打到榨酒车间专用罐内。

（2）煎酒人员根据带班班长的指令，在灌装开始前放置好已撕好的荷叶、杀好菌的竹壳、灯盏头、仿单、油纸、包装带。领仿单时要仔细核对，严防领错品种，中途若换品种，应将原有的仿单全部上交带班班长。

（3）灌装开始后，对前12坛酒不要包坛口，直接拉到回收桶边。

（4）包坛口人员中，2人依次放荷叶、油纸、仿单、灯盏头，其他4人放竹壳与扎坛口，每小时轮换2人。

（5）包坛口前道工序的2位操作人员应仔细观察坛内液面高低、是否有漏坛，有异常情况应及时向带班班长汇报。

（6）发现有漏坛时，包坛口人员应不再包扎。

（7）剪荷叶人员应在生产线开动前加好牌印的墨汁，并根据带班班长的指令换好相应牌印，若中途换品种，应将原有的牌印上交带班班长。

（8）剪荷叶人员在剪荷叶时要注意观察包装带位置，严禁将包装带剪断，并剪下的荷叶集中放在袋子中，严禁随地乱丢；时刻关注牌印盒的工作状况，发现异常情况应及时向带班班长汇报。

（9）做好设备维护保养工作，并协助做好设备维修工作。

2. 工艺参数及质量要求

（1）坛口包扎要求荷叶、竹壳调头摆放，包装带第二圈应压住第一圈，竹壳必须盖住内部包装物，不漏酒，上面光洁平整。

（2）剪坛口最外圈离坛口2.5cm左右，不得剪断包装带。

（3）牌印字迹清楚。

三、车熟

1. 作业流程

（1）作业开始前，车熟人员应检查车辆状况，特别是轮胎。

（2）根据带班班长的指令，将酒拉到指定的地点。

（3）对于未包坛口的酒，应拉到回收桶边。

（4）在拉酒过程中若发现漏酒，或泥头场有泥头工挑出的漏酒，应及时将之拉到回收桶边。

（5）拉酒过程中要注意速度，既要防止酒被打破，又要使生产线上没有积压。如发现包扎好的坛口脱包，必须将之拉回回收桶边，并告知倒酒人员。

（6）拉到泥头场后，要听从糊泥头人员的指挥，将包好坛口的酒放置在规定的地点。

2. 工艺参数及质量要求

酒坛破损率 ≤ 0.1%。

四、糊泥及收酒入库

1. 作业流程

（1）根据车间主任的指令，糊泥人员计算所需的泥土量，进行练泥。练泥时，根据泥土的特性，加入砻糠，要求泥头干燥后不开裂。

（2）糊泥人员要指导车熟人员明确放酒的位置，将其放下后，将酒排放整齐、有序。

（3）加入泥头套的泥土要与套子平，并用力压实。取出套子后，再用泥刀修饰，并敲好泥头印。

（4）收酒人员在收酒前，要先检查泥头干燥程度，然后确定是否开始收酒作业。如不能收，应及时汇报给车间主任；如能收，则安排收酒次序。

（5）收酒人员在收酒过程中，要密切关注收酒车辆的装车情况。如要两坛叠放，必须在中间加木板，漏酒不能装车，车绳未系实不能开车，下雨天需盖好雨布，并点好数量，签发出门单。

（6）收酒人员要及时将漏酒倒入回收桶中，并泵到榨酒车间指定罐内。

（7）收酒结束后，要统计当天的收酒数量，并与物流部核对，核对无差后，报厂部统计员。上报数据中要有入库数、运输打破数。

（8）车间主任根据物流部的指令，制订运输计划，并与堆酒监理一起提出堆酒方案，得到物流部批准后，有堆酒监理负责实施。堆酒方案应包括堆酒每幢大小、方式、顺序，如在室外，则要有防雨防风措施。

（9）在堆酒作业过程中，堆酒监理严格按公司标准及确定的堆酒方案进行监督。对于不符合堆幢要求的成品酒与漏酒，需要求运输队运回。

（10）堆酒结束后，堆酒监理应现仔细检查一次堆酒的质量，并协助物流保管员点好当天进仓数量。

（11）糊泥人员应做好练泥机的维护保养工作，并协助做好维修工作。

2.工艺参数及质量要求

（1）泥头质量要求：湿泥头高度不得低于泥头套，外观圆滑、光洁平整、无歪泥头、坛肩清爽、无毛边。干燥泥头无深、长裂缝。

（2）堆酒要求一层稳固、二层平直、三层牢固、四层有活动空间。不平的地面需有二层高的过渡层。幢与幢之间要平直。

第四节　煎酒中控操作

目的：进行高温灭菌（86～91℃），便于黄酒存放。

设备：板式煎酒器。

原理：黄酒通过板式热交换器与蒸汽加热后的热水进行热交换，使黄酒快速升温（86～92℃），达到灭菌效果。

1.作业流程

（1）根据带班班长的指令，煎酒人员在作业开始前，应与榨酒车间过滤人员核对煎酒的品种与数量，并通知榨酒车间打开输酒酒泵。

（2）当冷酒进入热交换器后，打开蒸汽与冷凝器冷却水阀门。打开阀门要缓慢，严禁快速打开。

（3）要密切关注煎酒温度的变化及回流罐的状况，严防未到规定温度的热酒进入暂储桶中。

（4）要密切关注回收老酒汗的状况，特别是温度、流量及冷却水情况。

（5）当暂储桶热酒液位到达一半以上时，带班班长下指令灌酒开始，最先的12坛酒应倒入回收桶中，接下来才能是成品。

（6）灌酒人员要密切关注酒坛内液位情况，在不溢出的前提下，尽可能灌满（定量罐装时除外）。

（7）当工作任务离完成还剩200坛时，灌酒人员应通知煎酒人员，煎酒人员应通知过滤人员，灌酒人员应灌完暂储桶内的成品酒。

（8）做好设备维护保养工作，并协助做好设备维修工作。

（9）煎酒人员要做好煎酒记录与交接班记录。

2. 工艺参数及质量要求

（1）煎酒温度控制在（92.5±1.0）℃。

（2）成品酒质量符合公司内控标准。

（3）坛内酒的液面离坛口 ≤ 10cm。

3. 环境卫生及安全要求

（1）煎酒车间内保持洁净，所有设备要符合相关规定。

（2）所有工具应保持清洁并定位放置，与食品直接接触的，应符合食品卫生相关规定。

（3）作业结束后，要放净管网内的剩酒。

（4）操作人员进入车间后，应穿戴工作服，严禁穿拖鞋与赤脚。

（5）在作业过程中，要严格按规定操作，严防安全事故发生。

第五节　黄酒储存设备

一、黄酒储存的意义

黄酒储存的过程，也就是黄酒老熟的过程，通常称为"陈酿"。黄酒是一个复杂的有机体，刚酿成的黄酒各成分的分子很不稳定，分子之间的排列又很混杂，特别是黄酒的主要成分——乙醇分子中的羟基大量暴露在外面，使得黄酒的口感比较粗糙、暴辣，风味不柔和、不协调。另外，刚酿成的黄酒还具有香气不足等缺点。要改变这些缺点，除了在原料上加强把关、工艺操作上加强管理外，最重要的途径就是储存陈酿。黄酒储存陈酿的意义主要有以下几方面。

（1）使黄酒口味变得柔和、协调、绵软。

（2）使黄酒中的醇与有机酸有足够的时间进行酯化反应，增加黄酒香气。

（3）使黄酒中大量的不稳定性物质通过相互凝聚、吸附发生沉降，使酒体的非生物稳定性得到较大的提高。

（4）作为高档年份酒的酒基，其产品的附加值随储存陈酿年份的不断增长而增加。

二、储存容器

陶坛储酒是黄酒的特色之一。用于黄酒储存的陶坛品种、规格较多，现主要介绍储存绍兴酒的陶坛。用于绍兴酒储存的陶坛产地主要集中在绍兴的诸暨、湖州的长兴等地。规格有25L装的"大京装"、5L装的"小京装"、9L装的"放样"、16L装的"行使"、30L装的"加大"、

32L装的"宕大"等。目前，黄酒基本采用容量为22～24L的陶坛作为储酒的容器，酒坛堆幢4层，每年翻幢1次。

利用陶坛储酒具有以下优点。

（1）陶坛由黏土烧结而成，内、外涂以釉质，坛壁上有陶土烧结形成的细孔，其直径大于空气分子的直径。因此，酒液虽在坛内封藏，但因空气的通透作用，黄酒一直处于微氧状态，为酒体氧化反应的进行创造了条件。

（2）陶坛储酒的另一特点是封口材料也具有空气的通透性。它采用荷叶、箬壳扎口，上封黏土。黏土致密，能防微生物侵入酒液，干燥后又能通透空气。荷叶表面有一层纳米级的膜，能透气，但不透水，也具有防止微生物侵入的功能，还能使黄酒具有淡雅的荷叶清香。

（3）陶坛和坛表面釉的主要化学成分为以 Na、K、Ca、Mg、A1 为主体的 SiO_2 材料，其中辅以 Fe、Mn、Cr、Cu、Pb 等变价元素。酒中各类有机物，特别是醇类、醛类物质在微量氧的存在下，在坛的内表面发生接触性催化氧化反应。陶土中的一些变价金属元素在高温烧结时形成高价态，在黄酒装坛后形成自然的氧化催化剂，把部分醇、醛氧化成有机酸。

三、仓库条件

由于黄酒是低酒精浓度饮料酒，因此长期储酒的仓库终年温度最好能保持在 5～20℃：过冷会减慢陈化的速度；过热又会使乙醇等低沸点物质挥发损耗，还有使酒混浊变质的危险。黄酒最好能在温度、湿度变化较小的地下室或地窖中储存。但是由于地窖或地下室建造成本较高，面积不大，不能进行大批量黄酒的储存，因此目前黄酒的储存还是以地面仓库为主，且仓库必须具备以下条件：通

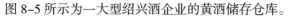

风良好，高大宽敞，阴凉干燥，室温波动小。堆幢好的黄酒应避免阳光直射和雨水淋湿，库内环境符合卫生要求。

图 8-5 所示为一大型绍兴酒企业的黄酒储存仓库。

图 8-5　黄酒储存仓库

第六节　黄酒储存技术的发展

陶坛储酒虽利于陈化的进行，但也存在不少缺点：一是要堆幢，每年要翻幢，劳动强度较大；二是陶坛外观粗糙，不美观，不利搬运；三是陶坛容积较小，不利于保证同一批次黄酒质量的一致性；四是占地面积大，在土地资源日益紧张的今天，不利于土地的有效利用；五是酒损比较大，每年由运输、搬动等原因造成的酒损在 2%～3%。

早在 20 世纪 70 年代初，大罐储酒技术已在福州酒厂试验成功。绍兴黄酒也于 1988 年完成了大罐储存的研究。大罐储存的罐体材料采用不锈钢（见图 8-6），并按照分级冷却、热酒进罐、补充无菌空气的工艺路线进行。1994 年，该技术在中国绍兴黄酒集团有限公司、绍兴东风酒厂被正式推广应用，大罐容量为 $50m^3$。但是由于当时不锈钢材质不好，储存后的黄酒带有金属味。另外，大罐致密的结构阻止了外界氧气的持续进入，影响了黄酒储存过程中氧化反应的进行。因此，大罐储存的黄酒的风味没有陶坛储存的好，质量问题也不断出现，使得该技术得不到很好的推广和利用。但是近年来，由于不锈钢材质的改进、新型涂料的开发、检测水平的提高以及其他新技术的发展，大罐储存技术水平有了明显提高，经大罐储存的黄酒的风味、质量基本上可与陶坛储存的相媲美，因此，采用大罐储酒代替陶坛储酒已得到快速发展。

图 8-6　不锈钢大罐

勾兑、澄清和过滤设备

压滤后的酒还需通过加色、勾兑、澄清、过滤等工序,使酒质统一、酒体稳定。勾兑、澄清和过滤的自动控制系统流程如图9-1所示。

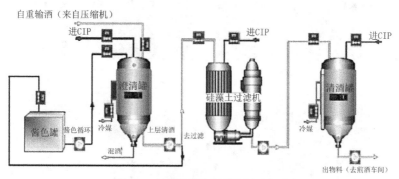

图9-1 勾兑澄清自动控制系统流程

勾兑罐连接自动勾兑控制系统,勾兑需要的酱色分别安装在各自的储罐中,按预先在勾兑控制系统中设定的配方,自动把各种原酒、酱色打到指定的勾兑罐中,充分混合后再澄清和过滤,实现勾兑、澄清和过滤自动控制。

勾兑、澄清和过滤设备主要有不锈钢饮料泵、带搅拌装置的不锈钢罐、过滤机(见图9-2)、磅秤、清酒罐(见图9-3)和不锈钢澄清罐(见图9-4)等。以上设备的数量、容量必须以能满足正常生产为准。

图 9-2　硅藻土过滤机

图 9-3　清酒罐

图 9-4　勾兑澄清罐

第一节　勾兑设备

一、黄酒勾兑的作用

勾兑是将具有不同特点的原酒，按产品要求（包括感官指标、理化指标、卫生指标等）进行重新组合的过程。

传统意义上的黄酒勾兑，是指在各种按不同黄酒工艺发酵而成的不同特点的原酒之间进行组合和调整，是保证和提高黄酒质量的一道工序。它包括压榨前成熟酒醪的搭配、灭菌前清酒（储于罐或池）的调配、装瓶前原酒的组合与调整这3个方面。现代意义上的黄酒勾兑，是在传统意义上的黄酒勾兑的基础上添加了一些具有营养保健功能的成分。

黄酒采用多菌种参与的、开放式发酵，因此，其酿造工艺比较粗放，在整个生产过程中由于受原料质量的优劣、糖化发酵剂的差异、气候的变化、发酵周期的长短、技工操作上的差别等多方面因素的影响，不同批次生产的黄酒的质量有所不同。即使是同一批次生产的黄酒，由于储存条件、储存时间的不同，其质量也有一定的差别，有时甚至某些指标达不到标准要求。因此，黄酒勾兑的作用主要有以下四点：

（1）保持同品牌、同类产品前后风味的一致性。

（2）保证产品各项指标符合标准要求。

（3）提高产品的质量。

（4）增加黄酒的品种，提高产品的档次与附加值。

二、勾兑作业流程

1. 勾兑作业流程

（1）勾兑负责人根据澄清罐储酒情况及榨酒状况，确定当日需勾兑的罐号与罐数，并向勾兑人员下指令。

（2）勾兑人员接到指令后，将当日需勾兑的酒样送到化验室，并向勾兑负责人汇报指标结果。

（3）勾兑负责人根据化验数据与感观品评的结果，结合企业内控标准，下达勾兑初步指令。

（4）勾兑人员根据指令进行勾兑操作。操作结束后，再送样到化验室，并向勾兑负责人汇报化验数据。

（5）勾兑负责人根据化验数据下达微调指令，勾兑人员进行微调，结束后再次化验，直至符合质量标准。

（6）对于勾兑好的清酒，经1天以上的沉淀后，勾兑人员应捞去面上的杂质。

（7）勾兑负责人根据质量尽量均一的原则，搭配好要过滤的清酒，并下指令给勾兑人员与过滤负责人。

（8）接到过滤的指令后，勾兑人员应在过滤前抽完酒脚（原则上抽酒脚的时间越迟越好）。

（9）对于已过滤完的澄清罐，勾兑人员应于当天用 CIP 系统进行清洗。

（10）勾兑人员做好勾兑记录。

2. 工艺参数及质量要求

黄酒的工艺参数与质量控制主要根据公司内控指标执行。

3. 环境卫生及安全要求

（1）应保持清酒车间、澄清罐、清酒罐、酱色罐的洁净，符合食品卫生相关规定。

（2）所用工具应保持清洁，与食品直接接触的必须符合食品卫生要求，定位放置。

（3）污水应排入污水管网。

（4）麦壳等从澄清罐上捞出的固体废弃物必须倒入碎糟中。

（5）操作人员进入车间后，应穿戴工作服，严禁穿拖鞋与赤脚。

（6）上下楼梯与大罐作业时要注意安全，严防事故发生。

（7）在作业过程中，要严格按规定操作，严防安全事故发生。

第二节　澄清设备

黄酒成分相当复杂，酒体是一个极不稳定的胶体。不同储存年份、不同品种、同一品种不同坛中的黄酒，都有其各自稳定的 pH 和等电点，以达到胶体平衡。当这些黄酒进行重新勾兑时，酒体原有的胶体平衡被破坏而呈不稳定状态。因此，瓶装黄酒在勾兑后必须有一定时间的澄清期，通过某些成分的析出沉降，使酒体重新达到胶体平衡，以提高成品黄酒的非生物稳定性，改善其风味。黄酒的澄清可以采用自然澄清法、冷冻澄清法和添加澄清剂澄清法。

一、自然澄清法

黄酒勾兑后，即可在一底部有锥体的澄清罐中进行自然澄清。在澄清期内，各种悬浮粒子在本身重力以及粒子间相互电荷吸附、化学键合等作用下形成较大颗粒后析出，并沉降于容器底部，进行二次"割脚"。自然澄清的效果取决于酒体温度的高低、澄清时间的长短、各种勾兑用原酒性状的融合性（即 pH、等电点较接近）等因素。

二、冷冻澄清法

冷混浊是黄酒胶体不稳定性的重要表现之一。黄酒的冷混浊与黄酒非生物性沉淀物的形成有着密切的内在联系。经研究，黄酒的冷混浊物是形成黄酒永久性混浊沉淀的前驱体。因此，在较短时间内使酒体温度下降，会加速引起黄酒不稳定性物质的析出沉降，有利于提高黄酒的非生物稳定性。其方法是将黄酒冷却至 $-6 \sim -2$℃，并维持一段时间（一般为 $2 \sim 4$ 天）。

黄酒的冷却方式主要有以下 3 种：

（1）在冷冻罐内安装冷却蛇管和搅拌设备，用冷媒对酒直接冷却。此方法适用于产量较小的企业。

（2）将澄清罐内的黄酒通过制冷机循环冷却，直至所需温度。

（3）通过制冷机一次性将酒冷却到所需温度。

以上3种方法各有优缺点，且电耗较大，建议可在夜晚用低谷电制冷，以节约电费，降低生产成本。

由于冷冻处理对延长瓶装黄酒稳定期的效果明显，且可改善黄酒的风味，因此，目前有许多黄酒厂正在积极引进冷冻处理方法。

三、添加澄清剂澄清法

添加适量的澄清剂，预先除去引起酒类不稳定的物质，这在啤酒、葡萄酒、果酒等酒类中应用已比较普遍。酒类澄清剂种类较多，其针对性与处理效果也各不相同，黄酒中常用的澄清剂有单宁、明胶、皂土、"101"澄清剂等。澄清剂使用效果易受用量、酒体成分、pH、作用时间等因素的影响，如果使用不当，不仅会对黄酒的风味、理化指标产生一定的影响，而且会造成酒体的二次混浊，因此目前各黄酒生产企业在利用澄清剂处理法提高黄酒稳定性上还比较谨慎。如果确实要用，必须要先对澄清剂的特性有较好的了解，并在使用前先做好详细的小试工作。当然，澄清剂一旦用好了，其效果也是相当明显的。

第三节　过滤设备

勾兑后的黄酒，虽然大部分沉淀物在澄清罐中析出后沉降于容器底部而被除去，但仍有一部分悬浮粒子存在于酒体中，影响酒液的澄清透明度，还必须通过过滤的方法将它除去。

一、黄酒的过滤方法

黄酒的过滤方法有棉饼过滤法、硅藻土过滤法、板式过滤法、微孔薄膜过滤法。一般前3种为粗滤，而膜过滤由于孔径较小，可作为精滤。当前较先进的工艺为两种过滤方法联用，即粗滤与精滤相结合的工艺，如棉饼过滤+膜过滤、硅藻土过滤+膜过滤等。目前黄酒企业最常用的过滤方法为硅藻土过滤或硅藻土过滤+膜过滤。

1. 棉饼过滤法

棉饼过滤的介质是由精制木浆添加1%～5%的石棉组成的。棉饼过滤法除了阻挡作用和深度效应外，还包括石棉的吸附作用。石棉吸附性很强，加上量多，则棉饼吸附力强，但滤速慢，因此在选择滤棉时应考虑其中石棉的含量。

棉饼过滤的操作过程如下。

（1）洗棉。新棉和回收棉都要先经过漂洗，然后用80～85℃的热水灭菌45～60min。对于回收棉，因为滤棉使用后纤维会变短而流失，因此每次洗棉时应添加1%～2%的新棉以做补充，以增加滤棉强度与滤速。

滤棉如经长时间使用，色泽污暗，则可利用盐类、碱类处理，而后以适量漂白粉或重亚硫酸钠漂白约30min，再以清水漂去残留的酸、碱、漂白剂等，即可使滤棉洁白如新。但这一方法对滤棉损伤也较大，故不常采用。

（2）滤棉压榨。滤棉经洗涤、灭菌后，利用压棉机压榨。压棉机压强为0.35～0.5MPa。滤饼厚度应与滤框深度一致，一般为4.0～4.5cm。压好的滤饼最好当天使用，久置易被杂菌污染，影响酒质。放置时应用清洁的布将滤饼盖好，放置时间最长不得超过48h。

（3）过滤。棉饼过滤机清洗干净后，将滤饼装入滤框（同时检查橡胶垫是否损坏、放好），并按顺序装好滤框后用螺杆顶紧备用。将棉饼过滤机与清洗干净的其他设备连接后，开启酒泵，进行过滤。

因滤饼中含有清水，因此要先送酒液顶残水 5～10min，再开始正常的滤酒。在过滤过程中要不断调节过滤压力，以保证滤液的澄清及过滤速度。过滤结束，用压缩空气顶出残酒后，取出滤棉，并将棉饼过滤机、管道、阀门等清洗干净后备用。

2. 硅藻土过滤法

硅藻土过滤的介质是一种较纯的二氧化硅矿石。其过滤特点是可以不断添加助滤剂，使过滤性能得到更新、补充，因此，其过滤能力很强，可以过滤很混浊的酒，没有像棉饼那样有洗棉和拆卸的工序，省气、省水、省工，酒损也较低。目前黄酒企业大多采用硅藻土过滤来代替棉饼过滤。

硅藻土过滤系统主要有硅藻土混合罐、硅藻土过滤机及硅藻土计量泵组成（见图9-5）。硅藻土过滤机型号很多，根据其关键性部件——支承单元的不同，可分为3种类型：板框式过滤机、加压叶片式过滤机（垂直式和水平式）、柱式（烛式）过滤机。目前黄酒企业多使用前两种，其结构分别如图9-6～图9-10所示。

图9-5 硅藻土过滤系统

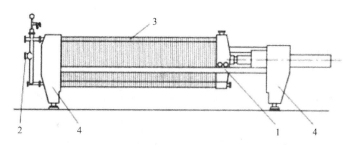

1– 板框支撑轨；2– 混酒入口；3– 板和框；4– 基座。

图 9-6　板框式硅藻土过滤机结构

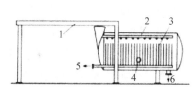

1– 机台框架；2– 摆动喷水管；3– 过滤叶片；
4– 黄酒进口；5– 清酒出口；6– 滤渣出口。

图 9-7　垂直叶片式硅藻土过滤机
（卧式罐）结构

图 9-8　垂直叶片式硅藻土过滤机（立式罐）

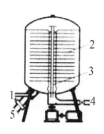

1– 黄酒进口；2– 过滤叶片；3– 空
心轴；4– 清酒出口；5– 滤泥出口。

图 9-9　水平叶片式硅藻土过滤机
（立式罐）结构

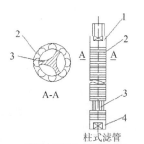

1– 管板连接接头；2– 不锈钢环；
3– 金属棒；4– 端盖。

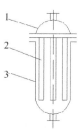

1– 封头；2– 柱
式滤管；3– 壳体。

图 9-10　柱式硅藻土过滤机（烛式）结构

硅藻土过滤的大致操作工艺如下。

（1）过滤前准备。过滤前必须对接触酒液的过滤机、阀门、管路、储罐等进行十分严格的清洗，在确认无异物、异气后，连接好管路并关闭相关阀门。

（2）预涂。硅藻土过滤机的预涂分两层。第一层预涂为粗粒硅藻土助剂，其粒度略大于过滤机支承的孔径，可避免细粒进入支撑介质深层空间，造成孔隙阻塞。第一层预涂质量可直接影响周期过滤产量及过滤介质的使用寿命。第二层为粗细混合的硅藻土（其中细硅藻土含量为 60%～75%），为高效滤层，对黄酒澄清度的提高有重要作用。

预涂用的硅藻土量一般为 0.8～1.5kg/m^2，预涂厚度为 1.8～3.5mm。具体操作时，先将硅藻土在添加槽中按一定比例（硅藻土：滤清液＝1：8～1：10）配成预涂浆，开启预涂循环泵循环 15min 左右，直至视镜中液体澄清透明。在过滤过程中补添的硅藻土其粗、细土比例同第二次预涂用硅藻土相似。

硅藻土的预涂工艺如图 9-11 所示。

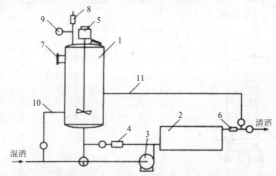

1-硅藻土混合罐; 2-硅藻土过滤机; 3-黄酒泵; 4-硅藻土供料泵; 5-搅拌电动机; 6-视镜; 7-硅藻土进料口; 8-通风; 9-压力表; 10-进酒管; 11-循环管。

图 9-11　硅藻土过滤预涂工艺

（3）过滤。预涂结束后，就可以开始正式过滤。在过滤过程中，为维持滤层的通透能力，需不定时地添补预涂层 20% 左右的新硅藻土。随着过滤的进行，滤层中积累的固形物越来越多并最终占满滤网（柱）之间的空间，使过滤的阻力迅速增大，主要表现为过滤压力急剧升高，流量急剧下降。此时必须停止过滤，并排出废硅藻土，更换新土。

由于硅藻土过滤的原理是通过硅藻土粒子之间的"搭桥"作用形成滤网，一旦过滤压力超过滤网能承受的力量，就会产生漏土现象。因此，为保证过滤质量，最好在硅藻土过滤机后设置精过滤器或硅藻土捕集器。

3. 微孔膜过滤法

微孔膜过滤是以用生物和化学稳定性很强的合成纤维、高分子聚合物制成的多孔膜作为过滤介质。微孔膜过滤由于具有分离效率高、除浊效果好、自动化程度高、操作简单、使用费用低廉等优点，因此在葡萄酒、啤酒行业中应用相当普遍。近年来，黄酒行业由于企业技术改进速度的加快，用微孔膜过滤机（见图9-12）来替代传统过滤方式将是大势所趋。

图9-12　微孔膜过滤机

微孔膜过滤分为并流过滤和错流过滤两种方式。并流过滤指料液垂直于膜表面通过滤膜，对于比较混浊的黄酒，容易造成膜通量快速衰减；错流过滤指料液以切线方向通过膜表面，以料液快速流过膜表面时产生的高剪切力为动力，在实现固液分离的同时，将沉积于膜表面的颗粒状混浊物不断扩散回主体流，从而保证膜表面不会快速形成污染层，可有效遏制膜通量的快速衰减。两种过滤模式的过滤效果如图 9–13 所示。

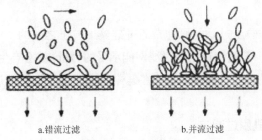

a.错流过滤   b.并流过滤

图 9–13　两种过滤模式

以错流中空微孔膜过滤系统为例，一般该过滤系统由袋式预过滤器、滤膜、膜后保护过滤器、液体输送系统及智能控制电气系统五部分组成。其操作工艺如下。

（1）过滤前准备。过滤前必须对接触酒液的过滤机、阀门、管路、储罐等进行十分严格的清洗，在确认无异物、异气后，连接好管路并用压缩空气顶出管路中的残留清水。

（2）过滤。准备工作结束后，即可开始正式过滤。为避免过滤过程中膜通量的快速衰减，可根据黄酒的混浊情况，设定定时的自动反冲程序。

（3）清洗。过滤结束后，打开排液阀，将设备、管路中的残酒排出，并用清水进行正向和反向清洗。当用清水清洗后膜通量仍不能恢复到理想状态时，可用 1%～ 2% 的 NaOH 溶液进行化学清洗。

（4）保养。为延长滤膜的使用寿命，清洗结束后的膜必须采取正确的保存方法：若设备停机时间在 5 天以内，可用清水加以保存，并每天用清水冲洗设备一次；若停机 5 天以上，应在设备清洗完毕后注入 2% 的 $NaHSO_4$ 溶液作为保护液；夏季若停机 10 天以上，应在设备清洗完毕后注入 0.5% 的甲醛水溶液作为保护液。

二、过滤作业流程

1. 过滤作业流程

（1）根据勾兑负责人的指令进行作业。勾兑负责人应明确告知过滤负责人需过滤的品种、数量及澄清罐罐号等信息。

（2）过滤负责人根据勾兑负责人的指令、过滤机与澄清酒状况，以确保煎酒车间日煎酒量为原则，计划好需开的班数，下达作业指令。指令应包括需过滤的澄清罐罐号及次序、打入清酒罐罐号及次序、输送至煎酒车间的清酒罐罐号及次序。

（3）每班必须保证过滤设备一开一备，备用设备应做好预涂工作。

（4）在预涂中先用自来水，再用清酒液，在切换中应遵循合理节约的原则，尽最大可能将含酒部分清液回收利用（可以泵入澄清罐内）。

（5）过滤人员要关注过滤机的压力与流量变化，当压强超过0.35MPa时，过滤人员必须密切关注，当流量≤20kL/h时，应当切换到另一台过滤机。

（6）在进行反冲操作时，应遵循节约原则，含酒的清液应打入指定的澄清罐。同时要密切观察硅藻土沉淀池状况，严禁未经沉淀直接排入污水管网中。

（6）每天日班将沉淀池内的硅藻土拉到垃圾塘。

2. 工艺参数及质量要求

（1）使用的硅藻土为800号，硅藻土应为粉状，严禁使用含有颗粒及结块的硅藻土。

（2）当过滤流量≤1kL/h时，换过滤机。

（3）清酒应晶亮透明，无颗粒物体。

3. 环境卫生及安全要求

（1）应保持过滤间、清酒罐及过滤机的洁净，符合食品卫生相关规定。

（2）所用工具应保持清洁，与食品直接接触的必须符合食品卫生要求，定位放置。

（3）清酒罐使用结束后就及时用 CIP 系统冲洗。

（4）每星期对过滤设备进行一次消毒。每月对过滤柱进行一次清洗。如过滤效果下降或预涂操作困难，应缩短清洗与消毒的间隔时间。

（5）保持硅藻土沉淀车间清洁，污水应排入污水管网。

（6）操作人员进入车间后，应穿戴工作服，严禁穿拖鞋与赤脚。

（7）在作业过程中，要严格按规定操作，严防安全事故发生。

第四节　勾兑、澄清和过滤中控操作

一、勾兑、澄清工段中控流程

勾兑、澄清工段中控流程如图 9-14 所示。

（1）首先开启澄清罐澄清液进、出口阀，延时开启澄清液输送泵，待酱色混合罐液位达到一定高度时，开启酱色混合泵，开始循环过程。

（2）根据黄酒勾兑要求在酱色混合罐里面添加相应勾兑物，开始勾兑过程。

（3）勾兑持续一定时间后结束勾兑过程，关闭澄清酒输送泵，延时停止酱色混合泵，关闭澄清液进、出口阀，停止澄清液循环。

（4）进入澄清阶段，开始静置澄清计时，澄清时间达到预设时间（一般为 4 天）时可以结束澄清过程，进入过滤出酒工段。

二、过滤工段中控流程

过滤工段中控流程包括过滤和清酒出酒两个子工段，具体工艺流程如图 9-15 所示。

1. 过滤

（1）开始过滤之前选择好对应的澄清罐与清酒罐，过滤系统是连接两者的桥梁。

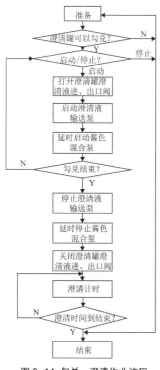

图 9-14 勾兑、澄清作业流程

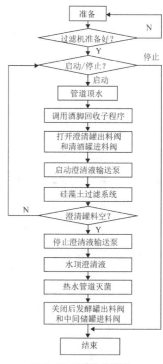

图 9-15 过滤作业流程

（2）如果不是连续性过滤，在过滤前还需要对管道进行顶水冲洗，并调用酒脚处理程序对酒脚进行处理。

（3）打开澄清罐出料阀和清酒罐进料阀，启动澄清液输送泵、硅藻土过滤系统，开始过滤过程。过滤系统有一套独立的控制程序。

（4）当澄清罐出料完毕后，停止澄清液输送泵，用水顶出剩余澄清液之后用热水对管道进行灭菌，关闭澄清液进出液阀门，结束过滤过程。

2. 清酒出酒

出酒是指将清酒罐中的清酒送至煎酒系统进行灭菌封坛，控制过程与后发酵工段中的倒罐类似。

第十章

黄酒灌装设备

勾兑后的黄酒经澄清、过滤后，即可进入灌装、灭菌、装箱等工序。黄酒的包装容器有玻璃瓶、陶瓷瓶、塑料桶（袋）、易拉罐等。根据包装容器和灌装设备的不同，黄酒可采用冷灌装、热灌装、手工灌装、半机械灌装、全自动灌装等工艺。不同的包装容器需采用不同的灌装工艺。如，包装容器为玻璃瓶，可采用全自动灌装工艺；包装容器为陶瓷瓶，需采用手工灌装工艺；包装容器为塑料桶（袋），最好采用冷灌装工艺。

第一节　黄酒灌装技术

一、常温灌装技术

目前，国内大多数黄酒企业的瓶酒灌装采用的是常温灌装工艺，即先灌装、后灭菌。黄酒灭菌的目的是保证黄酒的生物稳定性，有利于长期保存。其工艺流程如下。

配酒→过滤
↓
进瓶→空检→灌装→光检→灭菌→贴标→装箱→入库

该工艺是先将过滤后的酒液灌装至瓶中，进行压盖封口，然后采用隧道喷淋灭菌机或自制传统灭菌设备，用不同区域不同温度的水对瓶装酒进行预热灭菌和冷却。由于该工艺是通过玻璃瓶体间接对酒液进行加热灭菌，而玻璃是不良导体，传热系数较小，因此，要使酒液达到灭菌温度，所需时间比较长，整个过程往往需要十多分钟甚至更长时间,虽然成品酒品质较为稳定,但其间消耗大量蒸汽,能耗比较大。

二、热灌装技术

江苏张家港酿酒有限公司在行业内率先采用黄酒玻璃瓶热灌装技术。具体工艺流程如下。

配酒→冷冻→过滤→灭菌

↓

进瓶→瓶检→洗瓶→空检→灌装、压盖→光检→贴标→装箱→入库

该生产由冷冻系统、纯净水系统、10 万级空气净化系统、CIP清洗系统和热灌装线组成。

1. 灌装前黄酒的前期处理

灌装前黄酒的前期处理为低温冷冻储存澄清后进行多级过滤,即首先将勾兑好的黄酒酒液从常温冷冻至 −5 ～ 5℃,进入保温储酒罐储存 3 ～ 5 天,然后将酒液在低温状态下采用硅藻土过滤机进行过滤和膜精滤机精滤。低温冷冻促使高分子蛋白质和多酚结合沉淀,使酒的胶体平衡,提高酒质的稳定性,满足保质期的要求。而多级过滤可以除去酒中的大、小分子颗粒,提高酒的清亮度,使酒液清亮、透明,从而延长货架期。

2. 灭菌和灌装

低温冷冻过滤后的酒液经酒泵送入薄板热交换器加热,灭菌温度保持在 86 ～ 90℃,确保灭菌后瓶装黄酒细菌总数 ≤ 50 个 /mL,大肠杆菌菌群数 ≤ 3 个 /100mL。当经过薄板热交换器的酒液温度低于 86℃时,自动打开回流电磁阀,酒液流入回流桶。

当经过薄板热交换器的酒液温度处于 86 ～ 90℃时,自动关闭回流电磁阀,酒液送入高位罐等待灌装。升温后,酒液从高位罐底部均匀进入,并在高位罐中保温 20min,以保证酒液中微生物被杀灭。

包装瓶进入预热冲瓶灭菌机后,先行预热,后冲入 80 ～ 85℃热

水对包装瓶浸泡灭菌，再进入洗瓶吹干机内，利用瓶夹翻转传输系统将瓶内热水倒出，用50～60℃纯净水冲洗内壁，再用高纯度的无菌空气吹干包装瓶，达到无菌、无污渍的目的。最后将灭菌后的高温酒液经灌装机装入灭菌完毕的包装瓶中，并及时封盖。

这种黄酒热灌装技术性能稳定，占地小，能耗低，而且还能挥发掉部分有害醇醛类，使酒体更加协调、口感更加柔和。为防止二次污染，灌装结束后，对灌酒机和压盖机的主要机械部位进行清洗，注意清洗不易清洗的死角。

目前，黄酒企业典型的灌装工艺为玻璃瓶全自动灌装工艺及陶瓷瓶手工灌装工艺。

第二节　全自动流水线灌装

玻璃瓶全自动流水线灌装工艺日灌装瓶酒数量大，适合规模较大的黄酒生产企业。同时，由于生产设备、包装原料与辅料较多，因此，车间占地面积较大。图10-1所示为某黄酒生产企业全自动流水线灌装工艺。

图10-1　玻璃瓶全自动流水线灌装工艺

一、工艺流程

玻璃瓶→自动清洗→验瓶→灌装→压（封）盖→喷淋灭菌→检验→贴标→装箱→入库

二、车间布置要点

（1）灌装设备应尽量靠近清酒车间，以缩短输酒管路，有利于管道的清洗，降低酒液二次污染的概率。

（2）洗瓶步骤最好能与灌装车间隔开，特别是使用回收瓶的工厂，空瓶大多比较脏，分隔有利于保持灌装过程的清洁卫生。

（3）黄酒采用高温水喷洒灭菌，不但灭菌设备温度较高，而且有蒸汽产生，因此最好也与灌装机分隔开。

（4）空瓶进灌装车间及成品进、出仓线路应合理，应遵循交通方便、不交叉、不绕弯的原则，这样有利于包装生产的顺利进行。

（5）瓶酒灌装线应布置成直线形、"L"字形或"U"字形，设备之间的送瓶线要有足够长，以保证空瓶与满瓶的供给。

三、主要设备及操作要点

1. 洗瓶机

全自动洗瓶机是一种工艺先进、生产效率高的瓶子清洗设备，主要有单端式（见图10-2）与双端式（见图10-3）两种。两种洗瓶机虽然形式不同，但其工艺过程相同，主要可分为以下四大部分。

（1）预泡部分。瓶子进入洗瓶机后，首先要在预泡槽中进行初步清洗和消毒。预泡槽中放有30～40℃的洗涤液。预泡除了具有预洗功能外，还能对瓶子进行充分预热，以避免瓶子在进行后道高温清洗时受热破裂。

图 10-2　单端式全自动洗瓶机

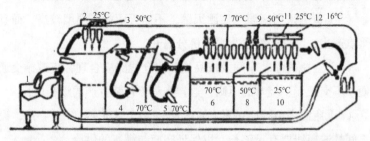

1- 进瓶；2- 第一次淋洗预热（25℃）；3- 第二次淋洗预热（50℃）；4- 洗涤剂浸瓶 I（70℃）；
5- 洗涤剂浸瓶 II（70℃）；6- 洗涤剂喷洗（70℃）；7- 高压洗涤剂瓶外喷洗（70℃）；8-
高压水喷洗（50℃）；9- 高压水瓶外喷洗（50℃）；10- 高压水瓶外喷洗（25℃）；11- 高
压水瓶外喷洗（25℃）；12- 清水喷洗（15～20℃）

图 10-3　双端式全自动洗瓶机结构

（2）浸泡部分。瓶子从预泡槽出来后，即进入放有 70～75℃
洗涤液的浸泡槽。瓶子最终清洗效果的好坏，主要取决于瓶子在浸
泡槽中的浸泡时间与温度。在浸泡槽中，黏附于瓶子上的大部分污物、
杂物被洗脱下来，瓶子也进行了消毒。

（3）喷冲部分。瓶子经浸泡后，还有少部分难以洗脱的污物、
杂物，必须借助机械力将其除去。进入喷冲部分后，瓶子被倒置，
几组喷头用高温（75℃左右）、高压（2.5×10^3Pa 以上）的洗涤剂对
瓶子进行强力喷冲，此时所有的污物都被彻底除去，瓶子也被进一

步消毒。

（4）清洗降温部分。在这一部分，瓶子内、外被55℃的热水、35℃的温水及常温冷水依次喷冲，附着于瓶子内、外壁上的残余洗涤液被全部洗脱，并使瓶温接近室温后进入灌装线。

2.灌装机

目前用于黄酒自动灌装的设备主要有以下几种：常压灌装机（见图10-4）、真空灌装机、直线式灌装机、旋转式灌装机、液位定量灌装机、定量杯定量灌装机等。图10-5是中心储酒槽的灌装机结构示意图。图10-6、图10-7是灌酒阀的结构示意图。

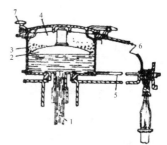

1- 啤酒入口；2- 浮漂；3- 泡沫；4- 储酒槽；5- 引酒至灌酒阀的导管；6- 背压与回风的通路；7- 开槽螺丝。

图10-4　常压自动灌装机　　　图10-5　中心储酒槽的灌装机结构

在进行灌装操作时，必须根据不同的灌装设备制定相应的操作规程。在进行灌装操作时，应注意以下事项：

（1）搞好与灌装相关的所有设备、用具、场所、工作人员的卫生。

（2）正式灌装前，先用酒液顶出管道内残余水，待灌装机出来的酒液的各项指标均达到标准要求后再进行灌装。

（3）灌装过程中要不时地检查实际灌装容量与标准要求是否相符。

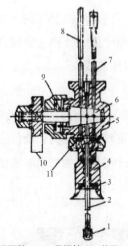

1– 导酒管口; 2– 导酒管; 3– 垫圈; 4– 罩盖;
5– 阀体; 6– 阀芯; 7– 回风管; 8– 进气管;
9– 弹簧; 10– 阀门凸轮; 11– 垫圈。

图 10-6　旋塞灌酒阀结构

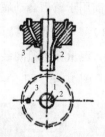

1– 导酒管; 2– 导回风通路;
3– 进风通路。

图 10-7　旋塞灌酒阀各通道的断面结构

（4）灌装结束后，将容器、管道内的余酒放出，并分别用碱液（或次氯酸钠溶液）、热水、清水等清洗干净。如设备较长时间不用，需在容器、管道中打入 1%～2% 的甲醛溶液或 2% 的次氯酸钠溶液加以保存。

3. 压（封）盖机

（1）皇冠盖压盖。灌装后的瓶酒应及时压盖。压盖时应注意瓶盖压的松紧程度，压好后瓶盖周围的齿形凸起应紧贴瓶口，不得有隆起或歪斜现象，否则易脱落或漏酒。图 10-8 和图 10-9 为自动压盖机的定位滑槽及压盖头的结构示意图。

压盖机应随瓶子的大小、高低加以调节。如发现瓶盖压不紧，可将压盖机上部向下调节；如易轧碎瓶口、太紧造成咬口，则可稍稍升高。

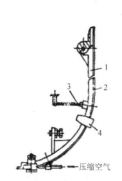

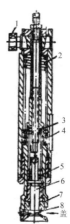

压缩空气

1- 定位滑槽；2- 盖板；3- 拉簧；
4- 排反盖门。

图 10-8　自动压盖机的定位滑槽结构

1- 滚子；2、3- 弹簧；4- 大弹簧；
5- 小弹簧；6- 小轴；7- 压盖环；
8- 导向环。

图 10-9　自动压盖机的压盖头结构

在压盖机上，瓶盖传送装置附设压缩空气装置，既可帮助送盖，又可除去瓶盖垫片上附着的异物等，以防异物混入酒内。

（2）防盗盖封盖。这种封盖多用铝制成，事先未加工出螺纹，封口时用滚轮同向滚压铝盖，使之出现与螺纹形状相同的螺纹而将容器密封。这种封盖在封口时，封盖下端被滚压扣紧在瓶口凹棱上，启封时将沿其裙部周边的压痕断开而无法复原，故又称"防盗盖"。该包装多用于高档瓶装黄酒。图 10-10 所示为防盗盖封盖机。

图 10-10　防盗盖封盖机

防盗盖的封口过程大致可分为送盖、定位夹紧、滚纹封口和复位四步，并用专门的测定器对封盖进行检测。

①送盖。散装在料斗中的铝制瓶盖由理盖机构整理，并按正确位向送到滚纹机头处。

②定位夹紧。铝盖套装由送瓶装置及时送到的瓶子口部，经滚纹机头上的导向罩定位后，压头下压瓶盖，并施加一定的压力，使瓶盖和瓶口在滚压过程中不发生相对运动。

③滚纹封口。要实现滚纹封口，滚压螺纹装置必须完成下述运动。

a.滚纹机头相对于封口机主轴完成周向旋转运动，以及相对于瓶体完成轴向升降运动。

b.滚纹滚轮相对瓶体完成周向旋转运动和轴向直线运动（即螺旋运动）。

c.滚纹和封边滚轮相对瓶体完成径向进给运动。

这样，在滚纹滚轮的作用下，铝盖的外圆上就会滚压出与瓶口螺纹形状相同的螺纹，使铝盖产生永久变形，并与瓶口螺纹完全吻合。而封边滚轮则滚压铝盖的裙边，使其周边向内收缩并扣在瓶口螺纹下沿的端面上，从而形成以滚压螺纹形式连接的封口结构。

④复位。完成封口后，滚纹滚轮和封边滚轮沿径向离开铝盖，封盖封头上升复位。与此同时，瓶子离开封盖工位，从而完成一次工作循环。

⑤封盖检测。

a.封盖的酒瓶固定于测定器上，把转矩测定器指针拨到"0"上，再用手抓住瓶盖，向开瓶方向（即逆时针方向）拧动，这时要注意测定器指针的动行刻度。

b.首先听到"嘎吱"的声响，这是第一转矩；再次拧动，听到同样的声响，这是第二转矩；最后，再次拧动并听到铝盖断开声，这就是第三转矩。第一转矩的标准值为（12±4）kg/cm^2，第二转矩的标准值为（16±4）kg/cm^2，第三转矩的标准值为（10±4）kg/cm^2。

c.开盖转矩值测定完后，拧封盖的质量可用转矩测定器进行检测，检测方法如下。顺时针拧动瓶盖，当瓶盖的螺纹开始破裂，瓶盖只能空转，查看它的数值，即为返转拧矩，返转拧矩的标准值为 $20kg/cm^2$ 以上。

4.喷淋灭菌机

机械化瓶装黄酒生产一般均采用隧道喷淋灭菌机。其主要有单层式（见图10-11）和双层式两种。

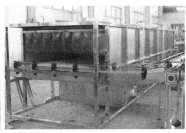

图 10-11　单层式隧道喷淋灭菌机

双层式隧道喷淋灭菌机的操作原理是：瓶装黄酒在通过灭菌机通道的过程中，需利用六档或八档不同的温度喷淋灭菌（如图10-12所示）。第一档：预热区，喷淋 50～60℃温水；第二档：升温区，喷淋 70～75℃热水；第三档：灭菌区，喷淋 80～85℃热水；第四档：保温区，喷淋 80℃热水；第五档：降温区，喷淋 60～70℃热水；第六档：冷却区，喷淋 50～55℃温水。瓶装黄酒通过灭菌机通道约45min，其中，灭菌区和保温区约 25min。

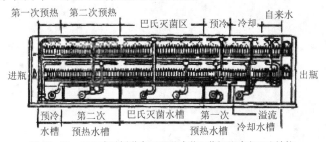

图 10-12　双层式对侧进出口隧道喷淋灭菌机的喷水系统结构

喷淋水分配箱底部钻有筛孔，每班刷洗，水泵也有滤网，以保证喷淋水均匀、充分地喷洒于每瓶酒上，防止留有"死角"（即热水喷不到的地方），造成漏灭菌。

灭菌机开车时，准备工作要做好。要求循环水泵与喷淋水分配箱各档温度均达到要求后，先运转几分钟，待正常后一齐进入灭菌机通道，这样可防止瓶酒跌倒；喷淋灭菌机链条传送部分应经常添加润滑油，以保持运转灵活；喷淋水量要求畅通、均匀、无"死角"；温度要求达到工艺要求。

灭菌后瓶酒还需有专人检查。在灯光下检验，细小的颗粒或异物可以很明显地被发现。另外，如有瓶盖未轧实、密封不好、酒液满至瓶口或发现漏酒等，均应将瓶拣出。

灭菌操作主要注意以下内容：①各区温度符合工艺条件。②喷淋压强为 0.2 ～ 0.3MPa。③喷淋头畅通，不得阻塞。④运转平稳，每班要走完全部瓶子，瓶子不得在灭菌机内积存过夜。

5.贴标机

贴标机又称贴标签机，是将预先印刷好的标签贴到包装容器的特定部位的机器。贴标机种类较多，有直线式、回转式、压捺式、转鼓式、刷贴式、压敏式等，另外还有单标贴标机、双标贴标机、多标贴标机（见图10-13）等，各企业可根据实际生产需要加以选择。

图 10-13 多标贴标机

贴标机操作包括取标、送标、涂胶、贴标、整平等工序。其工艺控制要求主要有以下几点。

（1）机器开动前检查各部件是否正常，并加好润滑油。

（2）确认商标、批号与产品是否一致，并校正生产日期。

（3）通过试贴调整好商标黏贴效果，要求商标端正美观，紧贴瓶身与瓶颈处，不皱褶、不歪斜、不翘角、不重叠、不脱落。其中的正标要求双标上、下标签的中心线和瓶子中心线对中度允许偏差 ≤ 3mm；单标要求标签的中心度与瓶子对中度允许偏差 ≤ 2.5mm。

贴标的效率和质量不仅取决于机械的好坏，还取决于纸标的质量和黏贴剂的质量。纸标要求横向拉力强，厚度、软硬适中，黏后易于伏贴。黏贴剂要求接触玻璃黏力强、流动性好，但贴后易干燥。使用前，纸标宜储存于湿度较大的地方，以防止过干，不适合机械操作。

四、装箱机和出箱机

瓶酒装箱和空瓶出箱是一项繁重的体力劳动，可以通过专门的方式实现装箱和出箱的机械化（见图 10-14）。

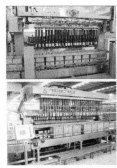

图 10-14　全自动纸箱装卸系统

如果采用立式的装箱和出箱方式，可利用气动夹头，夹住瓶口，再提起酒瓶装入箱内（或取出箱外）。装箱时要求依原来的排列方式成批装入箱内；出箱时可随意取出酒瓶而不管原来的排列次序。装箱时应添加填料，将酒瓶彼此隔开，可填加厚约 1mm 的木条或金属薄片等。如采用塑料箱，应制成厚约 1.5mm 带间隔的网膜，酒瓶填料间没有间隙。选用装箱机时，应根据瓶子特点（瓶形、容量、商标）和箱子特点考虑，使排列成行的酒瓶被一次抓起，置于箱内。

装箱机的气动夹头有多种型式，但结构大同小异。一般是金属或塑料制钟罩型夹头，中间衬有环状橡皮或尼龙夹套。在夹瓶时，橡皮夹套中充气，向内径方向鼓起，夹住瓶子。瓶子装入箱内后，夹套停止充气，夹套瘪下，瓶子即脱离夹头装入箱内。

装箱机的夹头应做到高度安全操作、具备电气自控设备，只要失去一个玻瓶，就会自动停机。

全自动的装箱机应在下列情况下自动停机：风压减小、缺少箱子、通过空箱、排错箱位、箱内有碎瓶、运输中断、台面拥塞。

第三节　手工灌装

手工灌装工艺适合于异形瓶、陶瓷瓶，品种多、批量小的瓶装酒生产，具有占地面积小、设备数量少、相应投资也较小的优点。其大致工艺如下。

瓶子→浸瓶→刷洗→冲洗→验瓶→沥水→灌装→压（封）盖→水浴灭菌→贴标→装箱→入库

1. 手工洗瓶

手工洗瓶分为浸瓶、刷洗和冲洗三道工序。

瓶子最好用温水在水池或水槽中浸泡数分钟，旧瓶、脏瓶应预先单独浸泡。

新瓶在退火、出窑和冷却之后是无菌的，但并不意味着它是干净的，其在运输途中会受到不同程度的污染。另外，根据退火处理方法的不同，新瓶中可能会有不同的杂质，如灰白色的硫化钠（称为窑雾）、油污、灰尘等，因此，必须认真清洗每一个瓶子。

无论是新瓶还是旧瓶，浸泡后都要用毛刷刷洗瓶子的内、外壁，并最终用清水冲洗干净。同时，将不合格的瓶子挑出后沥干备用。

2. 灌装

一般的玻璃瓶可选用小型自动灌酒机。如是异形瓶或陶瓷瓶等，则需采用手工定量灌酒器或直线式灌酒机。

灌装前，应对灌酒机、储罐、管道等进行认真清洗，灌装操作要求如前述。

3. 压（封）盖

灌装后，应及时封口灭菌。其中要注意的是采用软木塞封口时，不能将软木塞立即压实，而应先灭菌、再压实，否则灭菌时酒液受热膨胀，瓶内会形成一定压力，将软木塞冲出。

4. 手工水浴灭菌

将灌装后的瓶酒装入特制的灭菌篮（其中一瓶不封口，用来插温度计，以观察灭菌温度）后，将篮子吊入灭菌槽（池）中进行水浴灭菌。水浴的液面高度应与瓶内黄酒液面高度基本持平，并注意水浴槽（池）中的水受热膨胀后不能满过瓶口。将灭菌篮放入水浴槽（池）后，即可用蒸汽缓慢加热升温至灭菌温度（一般为80～85℃），整个灭菌过程大约持续40min。

在灭菌过程中应充分利用热能，并避免酒瓶因受热温差过大而造成破裂。水浴槽可分为三组：第一组为预热槽，将酒预热到45℃左右；第二组为升温槽，将酒升温到70℃左右；第三组为灭菌槽，将酒加热到灭菌温度后维持5～10min，即可出篮。为降低能耗、减少高温灭菌对黄酒风味的负面影响，在保证卫生指标合格的情况下，灭菌时间应尽可能短,灭菌温度应尽可能低,灭菌结束后应将瓶酒及时冷却。

5. 贴标

一般为手工贴标。其要求基本与贴标机相似,且黏贴剂需涂抹均匀,在商标和瓶壁之间不得有明显的黏贴剂痕迹,同时,用半干湿的抹布将黏附于瓶壁的杂物擦净。

参考文献

[1] 傅金泉. 黄酒生产技术 [M]. 北京：化学工业出版社，2005.

[2] 傅祖康，杨国军. 黄酒生产 200 问 [M]. 北京：化学工业出版社，
    2010.

[3] 何伏娟. 黄酒生产工艺和技术 [M]. 北京：化学工业出版社，2015.

[4] 胡文浪. 黄酒工艺学 [M]. 北京：中国轻工业出版社，1998.

[5] 胡志明，谢广东. 黄酒 [M]. 杭州：浙江科学技术出版社，2008.

[6] 金凤燮. 酿酒工艺与设备选用手册 [M]. 北京：化学工业出版社，
    2003.

[7] 康明官. 黄酒和清酒生产问答 [M]. 北京：中国轻工业出版社，
    2003.

[8] 康明官. 黄酒生产问答 [M]. 北京：中国轻工业出版社，1987.

[9] 黎润钟. 酿造工厂设备 [M]. 北京：中国轻工业出版社，1991.

[10] 谢广发. 黄酒酿造技术 [M]. 北京：中国轻工业出版社，2016.

[11] 谢宇. 黄酒发酵过程质量安全在线监测研究 [D]. 杭州：浙江工
     业大学，2016.

[12] 徐祖应. 黄酒生产过程综合自动化技术若干关键问答研究 [D]. 杭
     州：浙江大学，2013.

[13] 赵保为. 黄酒发酵过程计算机测控系统 [D]. 杭州：浙江大学，
     2015

[14] 钟强. 黄酒发酵智能控制系统的应用研究 [D]. 无锡：江南大学，
     2013.

[15] 周家骐. 黄酒生产工艺 [M]. 北京：中国轻工业出版社，1996.